Löschmittel in der Brandbekämpfung

Andreas Pfeiffer

Löschmittel in der Brandbekämpfung

Andreas Pfeiffer
Ilztal, Österreich

ISBN 978-3-658-12970-5   ISBN 978-3-658-12971-2 (eBook)
DOI 10.1007/978-3-658-12971-2

Die Deutsche Nationalbibliothek verzeichnet diese Publikation in der Deutschen Nationalbibliografie; detaillierte bibliografische Daten sind im Internet über http://dnb.d-nb.de abrufbar.

Springer Vieweg
© Springer Fachmedien Wiesbaden 2016
Das Werk einschließlich aller seiner Teile ist urheberrechtlich geschützt. Jede Verwertung, die nicht ausdrücklich vom Urheberrechtsgesetz zugelassen ist, bedarf der vorherigen Zustimmung des Verlags. Das gilt insbesondere für Vervielfältigungen, Bearbeitungen, Übersetzungen, Mikroverfilmungen und die Einspeicherung und Verarbeitung in elektronischen Systemen.
Die Wiedergabe von Gebrauchsnamen, Handelsnamen, Warenbezeichnungen usw. in diesem Werk berechtigt auch ohne besondere Kennzeichnung nicht zu der Annahme, dass solche Namen im Sinne der Warenzeichen- und Markenschutz-Gesetzgebung als frei zu betrachten wären und daher von jedermann benutzt werden dürften.
Der Verlag, die Autoren und die Herausgeber gehen davon aus, dass die Angaben und Informationen in diesem Werk zum Zeitpunkt der Veröffentlichung vollständig und korrekt sind. Weder der Verlag noch die Autoren oder die Herausgeber übernehmen, ausdrücklich oder implizit, Gewähr für den Inhalt des Werkes, etwaige Fehler oder Äußerungen.

Lektorat: Ralf Harms

Gedruckt auf säurefreiem und chlorfrei gebleichtem Papier.

Springer Fachmedien Wiesbaden GmbH ist Teil der Fachverlagsgruppe Springer Science+Business Media
(www.springer.com)

Inhaltsverzeichnis

1	**Einleitung**	1
2	**Was ist Feuer? Was ist ein Brand?**	3
2.1	Definitionen und allgemeiner Verbrennungsvorgang ..	3
2.2	Voraussetzungen für eine Verbrennung, Verbrennungsvorgang im Detail und verbrennungsrelevante Kenngrößen	7
	2.2.1 Materielle Voraussetzungen	7
	2.2.2 Energetische Voraussetzungen	17
2.3	Besonderheiten beim Brandverlauf in geschlossenen Räumen	19
	Literatur	20
3	**Was ist Löschen?**	23
	Literatur	25
4	**Löschmittel**	27
4.1	Löschmittel und ihre Löschwirkungen	28
	4.1.1 Wasser und wässrige Löschmittel	28
	4.1.2 Löschschaum	33
	4.1.3 Löschpulver	39
	4.1.4 Chemische Löschgase/Halone	41
	4.1.5 Inertgas Kohlenstoffdioxid	43
	4.1.6 Sonstige Lösch- und Behelfsmittel	44
4.2	Vor- und Nachteile der einzelnen Löschmittel	46
	4.2.1 Wasser und wässrige Löschmittel	46

	4.2.2 Löschschaum	49
	4.2.3 Löschpulver	52
	4.2.4 chemische Löschgase/Halone	53
	4.2.5 Inertgase	54
4.3	Besonderheiten im praktischen Einsatz	54
	4.3.1 Wasser und wässrige Löschmittel	54
	4.3.2 Löschschaum	59
	4.3.3 Löschpulver	60
	Literatur	61

5 Fazit ... 63

Glossar ... 65

Abstände bei elektrischem Strom ... 69

Sachverzeichnis ... 71

Abbildungsverzeichnis

Abb. 2.1 Feuerdreieck. (*Verfasser*) 7
Abb. 2.2 Feuertetraeder. (*Verfasser*) 8
Abb. 2.3 Brandklasse A. (*Kølumbus, Brandklasse A, http://tinyurl.com/Brandklasse-A*) 12
Abb. 2.4 Brandklasse B. (*Kølumbus, Brandklasse B, http://tinyurl.com/Brandklasse-B*) 12
Abb. 2.5 Brandklasse C. (*Kølumbus, Brandklasse C, http://tinyurl.com/Brandklasse-C*) 13
Abb. 2.6 Brandklasse D. (*Kølumbus, Brandklasse D, http://tinyurl.com/Brandklasse-D*) 13
Abb. 2.7 Brandklasse F. (*Kølumbus, Brandklasse F, http://tinyurl.com/Brandklasse-F*) 14
Abb. 3.1 Löschdreieck. (*Verfasser*) 24
Abb. 4.1 Sprühstrahl. (Reise Reise, Vorführung Brandbekämpfung mit Hohlstrahlrohr, Interschutz 2010, http://tinyurl.com/Spruehstrahl) 32
Abb. 4.2 IFEX (Impulslöschverfahren). (Fischi, Bekämpfung eines KFZ-Brandes mittels IFEX, Feuerwehr Nettingsdorf, http://tinyurl.com/Impulsloeschverfahren) 33
Abb. 4.3 Schaumlöschverfahren. (Brandweer Neder-Betuwe, kazerne Ochten (NL), Carfire being extinguished with AFFF foam, http://tinyurl.com/Schaumloeschverfahren) 34
Abb. 4.4 Class-A-Foam. (Jim Peaco, Crew foaming YCC dormitory at Mammoth Hot Springs during 1988 Yellowstone fire, http://tinyurl.com/Class-A-Foam) . . 37

Abb. 4.5 Mittelschaum. (Uebersbach8362, Feuerwehrübung mit Mittelschaum, Bezirk Fürstenfeld, BDLP, http://tinyurl.com/Mittelschaum) 39

Abb. 4.6 Pulverlöschverfahren. (Peter Kollmann, Feuerwehrmann zündet Pulverlöscher, http://tinyurl.com/Pulverloeschverfahren) 40

Abb. 4.7 Tragbarer Kohlenstoffdioxidlöscher. (Frank C. Müller, Ein 2 kg-Kohlendioxid-Feuerlöscher, http://tinyurl.com/tragbarer-Kohlendioxidloescher) . . 44

Tabellenverzeichnis

Tab. 2.1 Glutbild in Abhängigkeit von der Temperatur. (*Vgl. Kurt Klingsohr, Verbrennen und Löschen, S. 13*) 5

Tab. 2.2 Gefahrenklassen brennbarer Flüssigkeiten. (*Vgl. Kemper, Brennen und Löschen, S. 22*) 16

Tab. 2.3 Temperaturen häufiger Zündquellen. (*Vgl. Otto Widetschek, Alles über Zündquellen, S. 21*) 18

Tab. 2.4 Österreichischer Zündquellenschlüssel. (*Vgl. Otto Widetschek, Alles über Zündquellen, S. 22*) 18

Tab. 4.1 Löschmittel nach Brandklasse. (*Verfasser*) 28

Einleitung 1

Feuerwehreinsätze zum abwehrenden Brandschutz sind hochkomplexe Vorgänge, bei denen unzählige Aspekte beachtet werden müssen, in der heutigen Zeit mehr denn je, da sich nicht nur die Gefahrenlage und gebotene Geschwindigkeit, sondern auch die Relevanz der Effizienz eines Löscheinsatzes wesentlich gesteigert haben.

Durch die Weiterentwicklung von Naturwissenschaft und Technik hat sich immenses Gefahrenpotential gebildet, das grundsätzlich bei jedem Feuerwehreinsatz zum Tragen kommt. Moderne Gebäude, eine gewaltige Erhöhung von Brandrisiko und Brandlast – vor allem durch den vielseitigen Einsatz von Kunststoffen und elektrischem Strom –, die immense Zunahme an Individualverkehr, aber vor allem das gesteigerte Risiko durch vermehrte Gefahrguttransporte, -Lagerung, und -Verarbeitung erschweren heute die Bedingungen eines jeglichen Feuerwehreinsatzes.

Ein völlig neuer Faktor im Bereich des Löscheinsatzes ist jedoch das gesteigerte Augenmerk auf die Effizienz sowohl in Sachen Umweltschutz und Wirtschaftlichkeit, als bezüglich Schadensbegrenzung. Der Klimawandel und die zunehmende Verschmutzung unseres Planeten machen Umweltschutz zu einem immer wichtiger werdenden Punkt, der natürlich auch vor der Feuerwehr nicht haltmacht. Deswegen wird heute besonders auf ökologische Verträglichkeit eingesetzter Mittel, auf Sparsamkeit mit ebensolchen Mitteln und auf die kontrollierte Beseitigung durch Verbrennungsrückstände kontaminierter Löschmittel geachtet.

Aufgrund von Finanzkrise und staatlicher Einsparungsmaßnahmen wird es nun auch immer notwendiger sich Gedanken zur ökonomischen Effizienz eines Einsatzes und vor allem bezüglich der eingesetzten Mittel zu machen.

Ein relativ neues Phänomen ist die Schadensbegrenzung. Galt früher die Devise einfach mit so viel Wasser wie möglich das Feuer regelrecht „abzutöten" – wonach sich auch der bekannte Spruch: „Was das Feuer nicht zerstört, erledigt das Löschwasser" eingebürgert hat – muss heute effizient gearbeitet, die richtige Technik und Taktik gewählt und müssen Folgeschäden soweit als möglich vermieden werden.

Aufgrund dieser Überlegungen, ist es notwendiger denn je sich Gedanken über die richtige Wahl von Löschmitteln im Brandeinsatz zu machen. Dieses Werk betrachtet hiermit primär unterschiedliche gängige Löschmittel, um deren Vor- und Nachteile, speziell deren Effizienz darzulegen und ihren richtigen Einsatz aufzuzeigen. Ziel ist es jedoch ein universell einsetzbares Löschmittel (kurz: Allroundlöschmittel) zu finden oder zumindest darzulegen, ob die Existenz eines solchen überhaupt möglich ist.

Zu Beginn wird einführend ein kurzer Blick auf „Brennen und Löschen" an sich geworfen, um die chemisch-physikalischen Prozesse, welche hinter den Begriffen Brand und Brandbekämpfung liegen, darzulegen. Weiters werden alle gängigen Löschmittel vorgestellt, ihre Wirkung eingehend betrachtet und ihre Verwendung in der Praxis dargelegt.

Was ist Feuer? Was ist ein Brand?

2.1 Definitionen und allgemeiner Verbrennungsvorgang

Bevor es möglich ist auf die Brandbekämpfung einzugehen ist es erst notwendig, das „Brennen" an sich zu verstehen. Daher wird in diesem Kapitel im Detail auf den Verbrennungsvorgang eingegangen.

Die Begriffe Feuer und Brand werden umgangssprachlich meist gleichgesetzt und auch in der Fachliteratur scheint keine Einigung in der Definition zu existieren. Dennoch wird hiermit versucht die relevantesten Begrifflichkeiten des Verbrennungsvorgangs eindeutig zu erklären, um eine Verwendung derer zu ermöglichen.

- *Feuer* ist die Bezeichnung für die sichtbare äußere Begleiterscheinung einer Verbrennung (Flammen, Glut, . . .) (*vgl. Kemper, Brennen und Löschen, S. 13*).
- Als *Brand* hingegen wird Schadfeuer (im Gegensatz zu Nutzfeuer – eine gewollte, kontrollierte Verbrennung an einem vorbestimmten Ort), also nichtbestimmungsgemäßes Brennen bezeichnet (*vgl. Gisbert Rodewald, Brandlehre, S. 9*).

- *Brennen* oder *Verbrennen* bzw. die *Verbrennung* ist per Definition einfach die Bezeichnung für eine exotherme Oxidation mit Feuererscheinung, d. h. die chemische Reaktion brennbarer Stoffe mit einem Oxidationsmittel (meist Sauerstoff) zu neuen chemischen Stoffen (Oxiden) (*vgl. Kurt Klingsohr, Verbrennen und Löschen, S. 7 ff.*).

Eine solche *Oxidation* kann auch langsam und ohne Feuererscheinung ablaufen, dann nennt man sie gären, rosten, faulen oder verwesen (*vgl. Kemper, Brennen und Löschen, S. 12*).

Genau genommen ist eine Oxidation an sich, zusammen mit der Reduktion, eine Teilreaktion der *Redoxreaktion*, welche u. a. eine Reaktion brennbarer Stoffe mit Sauerstoff darstellt. Die Oxidation läuft unter Abgabe von Elektronen ab, wobei sich die Oxidationszahl erhöht, wohingegen die Reduktion unter Aufnahme von Elektronen abläuft, weswegen man den oxidierten Stoff, das Reduktionsmittel, auch Elektronendonator und den reduzierten Stoff, das Oxidationsmittel, auch Elektronenacceptor nennen kann. Je größer die Elektronegativität des Oxidationsmittels, desto besser kann das Reduktionsmittel oxidiert werden, weshalb auch die meisten Oxidationen Sauerstoff als Oxidationsmittel verwenden, da Sauerstoff nach Fluor die zweitgrößte Elektronegativität (3,5) besitzt. Jedoch können Oxidationen, beispielsweise, auch unter Fluor, Chlor oder Brom ablaufen (*vgl. Gisbert Rodewald, Brandlehre, S. 119 ff.*).

Die wichtigsten *Erscheinungsformen* von Feuer sind Flammen und Glut. Je nach Aggregatzustand der Stoffe treten entweder Flammen oder Glut oder beides auf, so verbrennen Gase, flüssige Stoffe (brennen in Dampfform) und flüssig werdende Stoffe (z. B. Wachs, Fett, Harz, Thermoplaste) nur unter Flammen, entgaste organische Stoffe (z. B. Koks) und Metalle nur mit Glut und feste Stoffe (hauptsächlich organische Naturprodukte wie z. B. Holz, Papier, Faserstoffe), die sich in gasförmige Stoffe und festen Kohlenstoff zersetzen mit Flammen und Glut. Sowohl Flammen, als auch Glut sind Erscheinungsformen der, bei der Reaktion, entweichenden Wärmeenergie. Wobei die Flamme ein brennender licht- und wärmeemittierender Gas-/Dampfstrom ist, in dem sogenannte Radikalreaktionen ablaufen und die Glut (Glühen, Glimmen) die ins sichtbare Licht übergehende Wärmestrahlung darstellt (ab ca. 400 °C wandert die Wärmestrahlung vom Infrarot- in den sichtbaren Bereich; ab ca. 1500 °C wird zusätzlich UV-Strahlung ausgesandt). Aufgrund dessen kann auch

2.1 Definitionen und allgemeiner Verbrennungsvorgang

Tab. 2.1 Glutbild in Abhängigkeit von der Temperatur. (*Vgl. Kurt Klingsohr, Verbrennen und Löschen, S. 13*)

Temperatur	Glutbild
400 °C	Grauglut
700 °C	Rotglut
900 °C	Helle Rotglut
1100 °C	Gelbglut
1500 °C	Weißglut

durch die Farbe der Glut auf die Temperatur geschlossen werden (*vgl. Kurt Klingsohr, Verbrennen und Löschen, S. 10 ff.*), (*vgl. Gisbert Rodewald, Brandlehre, S. 121 ff.*), (*vgl. Otto Widetschek, Was ist Feuer?, S. 13 ff.*).

Radikalreaktionen, welche u. a. in der Flamme einer Verbrennung ablaufen, sind Redoxreaktionen, die nach einem speziellen Mechanismus ablaufen, bei dem, sogenannte Radikale beteiligt sind. Radikale sind Atome oder Moleküle mit ungepaarten Elektronen, die, aufgrund ihres Paarungswillens, sehr reaktionsfreudig sind und demnach mit anderen Radikalen Elektronenpaarbindungen eingehen.

Solche Reaktionen laufen in drei Schritten ab. In der Startreaktion (Aktivierungsreaktion) werden Startradikale durch die Spaltung von Bindungen in einem Molekül, durch Energiezufuhr in Form von Wärme, gebildet. In der Phase der Kettenfortpflanzungs- und Verzweigungsreaktion reagieren diese Radikale mit anderen Molekülen und bilden neue Radikale. Wird immer nur ein neues Radikal gebildet nennt man die Reaktion unverzweigt, werden gleich mehrere neue gebildet, spricht man von einer verzweigten Kettenreaktion, bei welcher enorme Geschwindigkeitssteigerungen möglich sind. Zuletzt findet die Kettenabbruchsreaktion statt, wenn zwei Radikale aufeinandertreffen und ein neues Molekül bilden. Dies geschieht aber in der Praxis nicht, da die Radikale nicht auf Festkörper treffen (*vgl. Gisbert Rodewald, Brandlehre, S. 121 ff.*).

Die *Produkte* eines solchen Verbrennungsvorgangs werden Verbrennungsprodukte (Oxide) genannt und bestehen aus einem Gemisch aus Gasen, Aerosolen und Feststoffen, welche sich bei vollständigen Verbrennungen, hauptsächlich aus Kohlenstoffdioxid und Wasserstoff zusammensetzen.

Ideal vollständige Reaktionen sind nur im Labor durchführbar und somit bei einem Schadfeuer nicht anzutreffen. Im Freien, jedoch, laufen Verbrennungen beinahe vollständig ab, wohingegen in Innenräumen eine stark unvollständige Verbrennung stattfindet. Hierbei fallen große Mengen an Oxidationszwischenprodukten, Asche (nichtbrennbare anorganische Mineraloxide), Schlacken (geschmolzene erstarrte nichtbrennbare Rückstände), Ruß (daran gebunden kondensierte Aromaten und flüchtige Kondensate wie z. B. Benzol, Phenole) und Rauchgasen, bestehend aus Stickstoff, Kohlenmonoxid, aromatischen Verbindungen, Teer, Bitumen, Halogenaromaten, polycyclischen aromatischen Kohlenwasserstoffen, polyhalogenierten Dibenzo-p-dioxinen, Dibenzofuranen, aliphatischen Aldehyden, Schwefeloxid, Ammoniak, Blausäure, usw. an. Diese sind allesamt starke Atemgifte und können auch korrosiv auf unbeschädigte Gebäudeteile wirken. Durch überwiegende Kunststoffe als Brennstoff können jedoch noch viel tödlichere Giftcocktails entstehen (*vgl. Kurt Klingsohr, Verbrennen und Löschen, S. 29, 49*), (*vgl. Gisbert Rodewald, Brandlehre, S. 136, 190 ff.*), (*Otto Widetschek, Was ist Feuer?, S. 14 f.*).

Allgemein beschrieben wird bei einem Verbrennungsvorgang der brennbare Stoff in einfachere, kleinere Moleküle umgewandelt, wobei in den Endprodukten weniger Energie in den Bindungen steckt. Deswegen ist die Verbrennung eine exotherme Reaktion, bei der Energie in Form von Wärme frei wird. Um diesen Vorgang in Gang zu setzen ist eine gewisse Aktivierungsenergie (Zündquelle) notwendig, welche einige Brennstoffmoleküle zum Pyrolysieren, d. h. zum Verdampfen oder Zerbrechen anregt. Diese Bruchstücke reagieren dann mit dem Sauerstoff (der Luft) oder werden zu freien Radikalen, welche weitere Kohlenstoffketten des Brennstoffs angreifen und eine Kettenreaktion in Gang setzen. Ab dem Erreichen des Zündpunkts schreitet die Reaktion von alleine voran, bis der gesamte Brennstoff aufgebraucht ist oder die Reaktion auf eine andere Weise abgebrochen wird (*vgl. Otto Widetschek, Was ist das Feuerdreieck?, S. 21 f.*).

2.2 Voraussetzungen für eine Verbrennung, Verbrennungsvorgang im Detail und verbrennungsrelevante Kenngrößen

Die materiellen Voraussetzungen für eine Verbrennung sind der brennbare Stoff in genügender Menge und geeigneter Form, Sauerstoff in ausreichender Menge und das richtige Mengenverhältnis (stöchiometrisches Massenverhältnis) zwischen den beiden. Energetisch gesehen sind die meisten Verbrennungsreaktionen gehemmt. Deshalb bedarf es eines energetischen Anstoßes, der Zündenergie, oder eines Katalysators (vgl. Gisbert Rodewald, Brandlehre, S. 127 f.).

Anschaulich erklärt wird dieser Zusammenhang auch durch das sogenannte Feuerdreieck, welches in den 60er-Jahren entstanden ist, heute jedoch durch den Feuertetraeder Ersatz gefunden hat (*vgl. Otto Widetschek, Was ist das Feuerdreieck?, S. 22*), (*vgl. Otto Widetschek, Aktivierungsenergie und Katalysatoren, S. 20f.*).

2.2.1 Materielle Voraussetzungen

2.2.1.1 Brennbarer Stoff

Eine der materiellen Voraussetzungen für eine Verbrennung stellt der brennbare Stoff (Brennstoff) – also der Stoff welcher sich beim Erreichen der Zündtemperatur unter Feuererscheinung und Wärme mit Sauerstoff verbindet – dar. Dieser kann entweder nach seiner chemischen Zusam-

Abb. 2.1 Feuerdreieck.
(*Verfasser*)

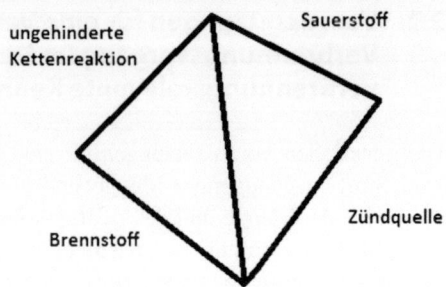

Abb. 2.2 Feuertetraeder. (*Verfasser*)

mensetzung, oder nach seinen Brandeigenschaften, welche in den Brandklassen Ausdruck finden, kategorisiert werden. Welche Kategorisierung herangezogen wird, ist meist stoffabhängig. Bei einem gewöhnlichen Schadfeuer wird jedoch das System der Brandklassen bevorzugt zur Anwendung kommen. Im Folgenden werden beide Kategorisierungen näher erläutert (*vgl. Kurt Klingsohr, Verbrennen und Löschen, S. 14 ff.*), (*vgl. Gisbert Rodewald, Brandlehre, S. 128 ff.*).

Chemisch werden brennbare Stoffe primär in anorganische und organische eingeteilt, wobei allerdings die wenigsten *anorganischen* Stoffe brennbar sind. Ausnahmen stellen lediglich einige Nichtmetalle, wie Wasserstoff, Schwefel und Phosphor, einige Verbindungen, wie Kohlenmonoxid, Schwefelkohlenwasserstoff, Phosphorwasserstoff und Cyanwasserstoff und einige Metalle, wie Eisen, Nickel und Chrom (einige reagieren mit Wasser sogar im nichtbrennbaren Zustand) dar (*vgl. Gisbert Rodewald, Brandlehre, S. 128 ff.*).

Bei der Gruppe der *organischen* Stoffe sind alle Stoffe brennbar, da sie brennbaren Kohlenstoff enthalten. Eingeteilt werden diese in Gruppen mit ähnlichen chemischen und physikalischen Eigenschaften (auch im Brandverhalten) (*vgl. Gisbert Rodewald, Brandlehre, S. 128 ff.*).

Die wichtigsten organischen Stoffe sind die *Kohlenwasserstoffe* mit Ketten- und Ringkohlenwasserstoffen ((Cyclo-)alkane/-ene/-ine), welche alle brennbar sind, meist unvollständig verbrennen, somit stark rußen, und viel Kohlenmonoxid erzeugen. Diese Stoffe zerbrechen (cracken) beim Erhitzen, dies wird auch thermische Aufbereitung genannt.

Aromatische Kohlenwasserstoffe (z. B. Benzol) weisen ein besonderes chemisches Verhalten auf, da sie sich zu kondensierten Aromaten

2.2 Voraussetzungen für eine Verbrennung

zusammenlagern können, d. h. ihr Wasserstoff wird vom Ring abgespalten. Der Ring bleibt jedoch bestehen, da er äußerst stabil ist, dies erklärt die besonders starke Rußentwicklung und karzinogene Wirkung der Aromaten (*vgl. Gisbert Rodewald, Brandlehre, S. 128 ff.*).

Die häufigsten in der Natur vorkommenden Kohlenwasserstoffe sind *substituierte funktionelle Kohlenwasserstoffgruppen*, in die andere Moleküle oder Atome eingelagert sind. Nachfolgend sind die, für die Verbrennung relevantesten Gruppen, aufgelistet.

- Funktionelle Gruppen des Sauerstoffs:
  - Alkohole
  - Ether
  - Aldehyde
  - Ketone
  - Karbonsäuren
- Funktionelle Gruppen des Stickstoffs mit Wasserstoff (Aminogruppe)
- Funktionelle Gruppen des Stickstoffs mit Sauerstoff (Nitrogruppe)
- Funktionelle Gruppen der Halogene
- Funktionelle Gruppen des Phosphors
- Funktionelle Gruppen der Metalle

Die *funktionellen Gruppen des Sauerstoffs* sind alle gut brennbar, weisen eine niedrige Zündtemperatur auf und verbrennen relativ vollständig unter Bildung von Atemgiften.

Die *Aminogruppe* wirkt stark brandhemmend, ist jedoch, bei thermischer Zersetzung, auch korrosiv und toxisch (z. B. Ammoniak).

Die *Nitrogruppe* weist eine gesteigerte Brennbarkeit auf und zersetzt sich auch ohne Luftsauerstoff detonationsartig.

Bei den *funktionellen Gruppen der Halogene* ist der Wasserstoff, mehr oder weniger vollständig, durch Halogene (z. B. Fluor oder Chlor) ersetzt. Diese wirken brandhemmend, da Halogenradikale gebildet werden, welche zum Kettenabbruch führen. Ihre Pyrolyseprodukte sind jedoch meist stark korrosiv und toxisch.

Die *funktionellen Gruppen des Phosphors* wirken ebenfalls brandhemmend und finden als Flammschutzmittel Verwendung.

Die *funktionellen Gruppen der Metalle* erhöhen die Brennbarkeit erheblich und lösen meist eine explosive Reaktion mit Wasser aus. Oftmals sind diese auch selbstentzündlich an der Luft (*vgl. Gisbert Rodewald, Brandlehre, S. 128 ff.*).

Die für einen Naturbrand relevantesten Stoffe sind jedoch *organische Stoffe komplexer Struktur*, wie z. B. Holz, Papier, Kohle, Eiweiße, Faserstoffe und Kunststoffe deren Verbrennungsvorgänge kompliziert und teilweise ungeklärt sind. Bei diesen Stoffen ist die Betrachtung anhand von Brandklassen wesentlich sinnvoller (*vgl. Gisbert Rodewald, Brandlehre, S. 148*).

Die Einteilung der Brände brennbarer Stoffe in **Brandklassen** ist praxisbezogen und ermöglicht das Zuordnen von Löschmitteln und -Geräten zu Gruppen brennbarer Stoffe mit gleichem Brandverhalten (*vgl. Gisbert Rodewald, Brandlehre, S. 148*).

Zur *Brandklasse A* zählt man Brände fester Stoffe, die auch unter Glutbildung verbrennen z. B. Brände von Holz, Papier, Kohle, Textilien und Kunstoffen. Feste Stoffe können brennen, wenn sie durch thermische Aufbereitung (Pyrolyse/thermische Zersetzung) schmelzen, verdampfen oder zersetzt werden und brennbare Gase bilden. Diese Gase verbrennen dann als Flammen und der feste Kohlenstoff verbrennt unter Glutbildung. Im Folgenden werden Brände komplexer organischer brennbarer Stoffe näher betrachtet, welche in der Praxis große Bedeutung haben (*vgl. Kemper, Brennen und Löschen, S. 13 f.*), (*vgl. Kurt Klingsohr, Verbrennen und Löschen, S. 14 ff.*), (*vgl. Gisbert Rodewald, Brandlehre, S. 149 ff.*).

Holz: Als Holz bezeichnet man ein inhomogenes Dauergewebe von Holzgewächsen vornehmlich bestehend aus Cellulose, Lignin, Mineralstoffen, Eiweißen, Harzen, Ölen, Kohlenhydraten mit unterschiedlicher Zusammensetzung je nach Holzart und Wasser (luftgetrocknetes Holz: 10–20 % Wasser). Beim Brennvorgang findet zuerst eine thermische Zersetzung des Holzes einhergehend mit einer Wasserfreisetzung statt. Danach entstehen Holzgas (bestehend aus: Wasserstoff, Methan, Kohlenmonoxid, Kohlendioxid), Methylalkohol, Aceton, Essigsäure, Holzteer, usw., welche unter Flammenbildung verbrennen. Die dabei entstehende Wärmeenergie setzt die Holzkohle (den übrig gebliebenen Kohlenstoff) in Brand, die unter Glutbildung verbrennt (*vgl. Gisbert Rodewald, Brandlehre, S. 149 f.*).

Holzwerkstoffe und Papier verbrennen meist ähnlich wie Holz, deren Brennbarkeit kann jedoch abhängig von Beimengungen, Zumischungen und Füllstoffen variieren. Papier verbrennt aufgrund seiner großen

2.2 Voraussetzungen für eine Verbrennung

Oberfläche aber meist besser als normales Holz (*vgl. Gisbert Rodewald, Brandlehre, S. 151*).

Ernteerzeugnisse (Heu, Stroh, Zuckerschnitzel, ...) sind, abhängig von ihrem Feuchtigkeitsgehalt, gut brennbar. Bei unsachgemäßer Lagerung kann es jedoch durch Bakterienstoffwechsel auch zur Selbstentzündung kommen (*vgl. Gisbert Rodewald, Brandlehre, S. 152*).

Kunststoffe sind entweder Makromoleküle umgewandelter Naturstoffe oder synthetisierte Erdöl-, Erdgas- und Kohleprodukte. Eingeteilt werden Kunststoffe in Thermoplaste, welche bei Erwärmung formbar werden und somit meist zur Brandklasse B gerechnet werden, in Duroplaste, die hart und temperaturbeständig sind und Kunststoffe, die gummielastisch und quellbar sind, sogenannte Elastomere. Thermoplaste brennen sehr gut und haben einen hohen Heizwert, stellen also eine sehr große Brandlast dar (z. B. Polyethylen (PE) 46 MJ/kg, Polystyrol (PS) 46 MJ/kg, Polypropylen (PP) 44 MJ/kg). Im Folgenden werden nun wichtige Beispiele für die Brennbarkeit verschiedener Kunststoffe aufgelistet.

- *Polyolefine* wie Polyethylen und Polypropylen brennen mit heller Flamme, starker Rauchentwicklung und Rußbildung.
- *Polystyrol (Styropor)* verbrennt ebenfalls unter starker Rauchentwicklung mit leicht süßlichem Geruch und heller gelber Flamme.
- *Polyvinylchlorid (PVC)* brennt ohne Zündquelle mit grüner Flamme schlecht weiter, verkohlt und produziert u. a. Salzsäure.
- *Polytetrafluorethylen (Teflon)* beginnt erst bei sehr hoher Temperatur rot zu glühen und produziert Flusssäure.
- *Polyamide (Nylon)* und *Polyacrylnitril* schäumen auf und verkohlen unter bräunlich gelber Flamme.
- *Polycarbonat* treibt blasig auf, verbrennt mit sprühend dunkelgelber Flamme und unter starker Rußbildung.
- *Silikone* sind sehr temperaturbeständig und schlecht brennbar.
- *Melamin-Harze* sind praktisch unbrennbar.
- *Kautschuk* verbrennt unter starker Rauchentwicklung.

Brände von Kunststoffen stellen auch durch ihre Folgeschäden eine große Gefahr dar, da ihre Rauchgase Langzeitgifte wie polycyclische aromatische Kohlenwasserstoffe und korrosive Stoffe wie Salzsäure ent-

Abb. 2.3 Brandklasse A. (*Kólumbus, Brandklasse A*, http://tinyurl.com/Brandklasse-A)

Abb. 2.4 Brandklasse B. (*Kólumbus, Brandklasse B*, http://tinyurl.com/Brandklasse-B)

halten (*vgl. Gisbert Rodewald, Brandlehre, S. 152 ff.*), (*vgl. Otto Widetschek, Wie Kunststoffe brennen, S. 21 ff.*).

In die **Brandklasse B** fallen alle Brände flüssiger und flüssig werdender Stoffe z. B. Benzin, Mineralöle und Alkohol, wobei Alkohol eine der wenigen Flüssigkeiten ist, welche aufgrund ihrer Polarität mit Wasser mischbar ist. Flüssigkeiten verbrennen nicht selbst, sondern erst das Dampf-Luft Gemisch, welches beim Verdampfen – Flüssigkeitsteilchen gehen in den gasförmigen Zustand über – entsteht und sich über der Flüssigkeitsoberfläche ansammelt und somit unter Flammenbildung verbrennt (*vgl. Kemper, Brennen und Löschen, S. 13*), (*vgl. Gisbert Rodewald, Brandlehre, S. 157*), (*vgl. Otto Widetschek, Was versteht man unter Brandklassen?, S. 21 ff.*).

Die **Brandklasse C** stellen Brände von Gasen wie Wasserstoff und Erdgas dar, wobei brennbare Gas-Luft Gemische unter Flammenbildung

2.2 Voraussetzungen für eine Verbrennung

Abb. 2.5 Brandklasse C. (*Kǿlumbus, Brandklasse C*, http://tinyurl.com/Brandklasse-C)

Abb. 2.6 Brandklasse D. (*Kǿlumbus, Brandklasse D*, http://tinyurl.com/Brandklasse-D)

verbrennen (vgl. Kemper, Brennen und Löschen, S. 14), (*vgl. Gisbert Rodewald, Brandlehre, S. 158*).

Brände von Metallen zählen zur **Brandklasse D**. Solche Brände dürfen meist nicht mit Wasser gelöscht werden, da einige Metalle, wie Natrium, Kalium und Calcium, bereits im unbrennbaren Zustand mit Wasser reagieren und es bei vielen Metallen beim Löschen mit Wasser, durch die hohe Temperatur, zur Knallgasbildung kommen kann (*vgl. Gisbert Rodewald, Brandlehre, S. 158 ff.*), (*vgl. Otto Widetschek, Was versteht man unter Brandklassen?, S. 21 ff.*).

Unter der **Brandklasse F** versteht man u. a. Brände von Speiseölen und -Fetten in Kücheneinrichtungen und -Geräten, da bei solchen hochsiedenden flüssigen Stoffen die Gefahr einer sogenannten Fettexplosion beim Löschen mit Wasser besteht (*vgl. Gisbert Rodewald, Brandlehre, S. 161*).

Abb. 2.7 Brandklasse F. (*Kǫlumbus, Brandklasse F*, http://tinyurl.com/Brandklasse-F)

Früher existierte auch noch die sogenannte **Brandklasse E** für Brände elektrischer Anlagen, da diese jedoch keinen Stoff bezeichnet wird sie heute nicht mehr verwendet (*vgl. Otto Widetschek, Was versteht man unter Brandklassen?, S. 21 ff.*).

Wichtige **Kenngrößen** in Bezug auf einen Brennstoff stellen Brennwert und Heizwert dar. Der *Brennwert* ist der Quotient zwischen der freiwerdenden Wärmemenge und dem Gewicht des Brennstoffs mitsamt dem enthaltenen Wasser, der *Heizwert* hingegen wird ohne die Verdampfungswärme des Wassers berechnet. Beide geben die freigesetzte Wärmemenge bei vollständiger Verbrennung des Stoffes an. Weitere Kenngrößen sind die *Verbrennungstemperatur*, welche von Verbrennungsgeschwindigkeit (Abbrandrate) und Heizwert abhängig ist, die Entzündbarkeit und die Brennbarkeit (*vgl. Kurt Klingsohr, Verbrennen und Löschen, S. 20 f.*), (*vgl. Gisbert Rodewald, Brandlehre, S. 110 ff.*).

Die *Entzündbarkeit* gibt die Geschwindigkeit der Einleitung des Brennvorgangs an. Ein Stoff ist umso leichter entzündbar je weniger Wärme er zum Erreichen der Zündtemperatur benötigt. Neben der Art des brennbaren Stoffes ist die Entzündbarkeit jedoch auch abhängig von der Größe der Oberfläche und dem Aggregatzustand in dem sich dieser befindet. Bei Gasen und Dämpfen können sich die Brennstoffteilchen direkt mit dem Sauerstoff verbinden, bei festen Stoffen ergibt eine feine Verteilung derer eine große Oberfläche, also eine große Angriffsfläche für den Sauerstoff, wie z. B. bei Stäuben. Die Einteilung erfolgt hierbei in selbstentzündlich (z. B. weißer Phosphor, ölgetränkte Putzlappen), leichtentzündlich (z. B. Acetylen) wobei ein Funken oder eine heiße Oberfläche zur Zündung genügt, normalentzündlich (meiste brennbare Stoffe) wobei eine Streichholzflamme notwendig ist und schwerentzündlich (z. B. Hartholz) wobei es einer starken Zündquelle, wie einer Gasflamme oder einer Lötlampe bedarf (*vgl. Kemper, Brennen und Löschen, S. 16*), (*vgl. Kurt Klingsohr, Verbrennen und Löschen, S. 17 f.*).

Die *Brennbarkeit* gibt das Brandverhalten eines Stoffes nach der Zündung, gemessen an der Brenngeschwindigkeit und der Wärmeentwicklungsrate, an. Schwerbrennbare Stoffe, z. B. Wolle, erlöschen nach der Wegnahme der Zündquelle, d. h. andauernde Wärmezufuhr ist, für das aufrechterhalten der Verbrennung, notwendig (Baustoffklasse: schwerentflammbar B1). Normalbrennbare Stoffe, z. B. Holz, brennen mit normaler Geschwindigkeit weiter (Baustoffklasse: normalentflammbar B2) und leichtbrennbare Stoffe, z. B. Gase, Stäube, Dämpfe, brennen mit hoher Geschwindigkeit weiter (Baustoffklasse: leichtentflammbar B3) (*vgl. Kemper, Brennen und Löschen, S. 16*), (*vgl. Kurt Klingsohr, Verbrennen und Löschen, S. 18 ff.*).

2.2.1.2 Sauerstoff

Die zweite wichtige materielle Voraussetzung für eine Verbrennung stellt der Sauerstoff dar. Er besitzt die zweitgrößte Elektronegativität (3,5), ist farb-, geruch- und geschmacklos und selbst unbrennbar. Er dient bei der Verbrennung als Oxidationsmittel, d. h. Sauerstoffradikale reagieren mit dem brennbaren Stoff. Für eine Verbrennung genügt der Luftsauerstoff von 20,94 Vol.%, jedoch kann eine Sauerstofferhöhung Entzündbarkeit, Verbrennungsgeschwindigkeit und Brandtemperatur erhöhen, d. h. unter reinem Sauerstoff verläuft eine Verbrennung am vollständigsten. Stoffe wie Peroxide, Nitrate und Sprengstoffe benötigen keinen Luftsauerstoff für die Verbrennung, da sie den Sauerstoff bereits in sich tragen, die meisten anderen Stoffe jedoch hören bei weniger als 15 Vol.% Sauerstoffgehalt auf zu brennen (*vgl. Kemper, Brennen und Löschen, S. 18 f.*), (*vgl. Gisbert Rodewald, Brandlehre, S. 161 ff.*).

2.2.1.3 Richtiges Mengenverhältnis

Das richtige Mengenverhältnis (stöchiometrisches Massenverhältnis) zwischen Brennstoff und Sauerstoff ist die letzte materielle Voraussetzung für den Verbrennungsvorgang. Durch die Konzentration derer

Tab. 2.2 Gefahrenklassen brennbarer Flüssigkeiten. (*Vgl. Kemper, Brennen und Löschen, S. 22*)

Gefahrenklasse	Symbol	Flammpunkt	Siedepunkt
Hochentzündlich	F+	Kleiner 0 °C	Bis 35 °C
Leichtentzündlich	F	Kleiner 21 °C (Zimmertemperatur)	–
Entzündlich	R10	21 °C–55 °C (Sonneneinstrahlung)	–

ergeben sich die Explosionsgrenzen und der daraus resultierende Explosionsbereich. Die untere Explosionsgrenze (UEG) gibt die niedrigste (unterhalb „mageres Gemisch") und die obere Explosionsgrenze (OEG) (oberhalb „fettes Gemisch") die höchste Konzentration bei der eine Zündung möglich ist, an. Bei Flüssigkeiten nennt man die untere Explosionsgrenze Flammpunkt (z. B. Benzin −40 °C, Alkohol 12 °C), da Flüssigkeiten bereits unter ihrem Siedepunkt durch verdunsten ein, für eine Verbrennung ausreichendes, Dampf-Luft Gemisch erzeugen können, welches, wenn die UEG bzw. der Flammpunkt überschritten ist, entzündet werden kann. Bei Flüssigkeiten gibt man auch den Brennpunkt an, welcher jener Punkt ist, ab dem sie selbständig weiterbrennen (*vgl. Kemper, Brennen und Löschen, S. 20ff.*), (*vgl. Gisbert Rodewald, Brandlehre, S. 167ff.*).

Flüssigkeiten werden nach ihrem Flammpunkt in Gefahrenklassen (hochentzündlich F+, leichtentzündlich F, entzündlich R10) eingeteilt (*vgl. Kemper, Brennen und Löschen, S. 22f.*).

In der Verordnung brennbarer Flüssigkeiten geht man noch weiter und klassifiziert Flüssigkeiten nicht nur nach ihrem Flammpunkt sondern auch nach ihrer Löslichkeit in Wasser.

Je besser die Verteilung eines Stoffes, d. h. je größer seine Oberfläche ist, desto besser und schneller läuft die Verbrennung ab, da das Verhältnis zum Sauerstoff sich ebenfalls verbessert (*vgl. Kurt Klingsohr, Verbrennen und Löschen, S. 35f.*).

Je nachdem wie nahe das Mischungsverhältnis von Brennstoff und Sauerstoff am stöchiometrischen Verhältnis liegt, ergeben sich verschieden starke Reaktionen. So kommt es bei Gas/Dampf-Luft Gemischen nahe der Zündgrenzen zu einer Verpuffung, also einer schnellen Verbrennung bei geringem Druck. Bei Gasen, Dämpfen, Nebeln und Stäuben im richtigen Mischungsverhältnis kommt es zu einer Explosion, d. h. einer sehr schnell ablaufenden Verbrennung unter starker Wärme-, Druck-, Licht- und Geräuschentwicklung. Findet solch eine Reaktion im richtigen Mengenverhältnis mit reinem Sauerstoff oder mit Sprengstoff statt, ergibt sich eine starke Explosion, also eine Detonation bei der die Zündung der benachbarten Teilchen nicht mehr durch Wärmeübertragung, sondern durch die entstehende Kompressionswärme entsteht und somit die Durchzündung mit Überschallgeschwindigkeit erfolgt (z. B. Knallgas) (*vgl. Kurt Klingsohr, Verbrennen und Löschen, S. 35 f.*).

Hier ergibt sich wieder eine verbrennungsrelevante Größe, die Verbrennungsgeschwindigkeit, welche von der Änderung der Konzentration der beteiligten Stoffe im Verhältnis zur Zeit abhängt (*vgl. Gisbert Rodewald, Brandlehre, S. 115 ff.*).

2.2.2 Energetische Voraussetzungen

Zusätzlich zu den materiellen Voraussetzungen müssen für eine Verbrennung auch gewisse energetische Voraussetzungen gegeben sein, da die meisten Reaktionen zuerst gehemmt sind und somit einen energetischen Anstoß, d. h. also eine Aktivierungsenergie zum Start benötigen. Diese Aktivierungsenergie nennt man *Zündenergie* und diese wird meist von einer Zündquelle geliefert. Erreicht ein Stoff seine Zündtemperatur beginnt er zu brennen (z. B. Benzin 450 °C, Zeitungspapier 180 °C). Durch eine langzeitlich erhöhte Temperatureinwirkung kann bei Stoffen wie Holz eine Zündpunkterniedrigung durch Austrocknen eintreten (Saunabrand) (*vgl. Kemper, Brennen und Löschen, S. 24 f.*), (*vgl. Gisbert Rodewald, Brandlehre, S. 176 ff.*).

Die *Mindestverbrennungstemperatur* gibt an, unter welcher Temperatur sich ein Feuer selbstständig nicht mehr fortpflanzen kann und somit erlischt, da benachbarte Teilchen die Zündtemperatur nicht mehr erreichen (*vgl. Kemper, Brennen und Löschen, S. 25*), (*vgl. Kurt Klingsohr, Verbrennen und Löschen, S. 24*).

Neben solchen Stoffen, die eine Zündquelle, also Fremdentzündung, zum Erreichen ihrer Mindestzündenergie brauchen, gibt es auch solche, die sich durch ihre eigene Reaktionswärme und Wärmestau *selbst ent-*

Tab. 2.3 Temperaturen häufiger Zündquellen. (*Vgl. Otto Widetschek, Alles über Zündquellen, S. 21*)

Temperatur	Zündquelle
100 °C	Beginn der Brandgefahr
Bis 500 °C	Heiße Körper
Bis 1000 °C	Glut, Funken
Bis 1500 °C	Flammen
Bis 3000 °C	Stichflammen, elektrischer Lichtbogen

zünden, da sich laut Van't Hoff'scher Regel neben der Temperatur auch die Reaktionsgeschwindigkeit erhöht, was ein Aufschaukeln bis zum Erreichen der Zündtemperatur mit sich bringt (z. B. Phosphor, Heu (Bakterienstoffwechsel), ölgetränkte Textilien und Braunkohle) (*vgl. Kemper, Brennen und Löschen, S. 24*), (*vgl. Kurt Klingsohr, Verbrennen und Löschen, S. 44 ff.*), (*vgl. Gisbert Rodewald, Brandlehre, S. 183 f.*).

Zur *Fremdentzündung* wird eine Zündquelle benötigt, also eine Energie von außen, die die Oxidation auslöst. Die Zündung erfolgt dabei durch Wärmeübertragung in Form von Wärmeleitung (z. B. Schweißen, Löten), Konvektion (Brandgase) und Wärmestrahlung (*vgl. Gisbert Rodewald, Brandlehre, S. 90 ff.*), (*vgl. Otto Widetschek, Alles über Zündquellen, S. 21 ff.*).

Tab. 2.4 Österreichischer Zündquellenschlüssel. (*Vgl. Otto Widetschek, Alles über Zündquellen, S. 22*)

Österreichischer Schlüssel	Zündquelle
100	Blitzschlag
200	Selbstentzündung
300	Wärmegeräte
400	Mechanische Energie
500	Elektrische Energie
600	Offenes Feuer, Licht
700	Behälter-Explosionen
800	Brandlegung
900	Sonstige Zündquellen (z. B. Kernenergie, Sonne)
010	Nicht ermittelbar

Die in der Praxis am häufigsten vorkommenden Zündquellen sind Schweiß- und Lötgeräte, Rauch, offenes Feuer, Brandstiftung und vor allem Elektrizität.

Eine der häufigsten Brandursachen stellt die Elektrizität in allen ihren Variationen dar. Brandgefahr besteht hierbei durch Elektrizitätsversorgung und Betriebsmittel (Lichtbogen, Funken, Wärme, ...) sowohl im Normalbetrieb, als auch bei Defekt und die statische Elektrizität beim Gehen auf Unterlagen, Umfüllen von Flüssigkeiten, Sprühen aus Spraydosen und Pulver auf Transportrutschen. Dazu kommt noch der Blitzschlag, welcher direkt oder indirekt als Zündquelle wirken kann (*vgl. Otto Widetschek, Alles über Zündquellen, S. 21 ff.*), (*vgl. Otto Widetschek, Elektrizität, S. 21 ff.*).

Der zweite wichtige energetische Faktor um eine Verbrennung zu ermöglichen ist die *ungehinderte Kettenreaktion*, welche meist nicht von alleine vorliegt. Oft genügt eine Zündquelle nicht um die Aktivierungsenergie zu erreichen und die Verbrennungsreaktion zu starten (gehemmte Reaktion), ein Katalysator ist notwendig. Katalysatoren sind Stoffe die mit den Ausgangsstoffen Radikale bilden und somit die Reaktion ermöglichen und/oder beschleunigen, sich selbst aber im Laufe der Reaktion wieder zurückbilden und somit nicht verbraucht werden. Kurz gesagt setzen Katalysatoren die Aktivierungsenergie, also den Zündpunkt herab. In der Praxis laufen Verbrennungsreaktionen meist mit Katalysatoren ab, da in der Luft genügend Wasserstoff- und Hydroxylradikale vorliegen. Das Gegenteil des Katalysators ist der Antikatalysator oder Inhibitor, der die Reaktion stoppt oder zumindest verlangsamt (*vgl. Kemper, Brennen und Löschen, S. 25*), (*vgl. Gisbert Rodewald, Brandlehre, S. 187 ff.*).

2.3 Besonderheiten beim Brandverlauf in geschlossenen Räumen

Bei Bränden in geschlossenen Räumen kann es zu den zwei wichtigen Phänomenen Rauchdurchzündung und Rauchexplosion kommen.

Werden noch nicht brennbare Stoffe durch die Hitze eines Entstehungsbrands im Raum thermisch aufbereitet, strömen sie brennbare Pyrolysegase aus, welche beim Erreichen der Zündtemperatur und der richtigen Sauerstoffkonzentration schlagartig durchzünden, dieser Vorgang wird *Rauchdurchzündung* oder auch „*Flash-over*" genannt. Begünstigt wird diese Rauchdurchzündung durch einen plötzlichen Zustrom von Sauerstoff (*vgl. Kemper, Brennen und Löschen, S. 26ff.*), (*vgl. Gisbert Rodewald, Brandlehre, S. 117ff., 185*).

Erlöschen die Flammen jedoch, da in einem Raum zu wenig Sauerstoff vorhanden ist, kann es zu einem Schwelbrand kommen, bei dem große Mengen Kohlenmonoxid, durch die unvollständige Verbrennung entstehen, wobei die Temperatur aber weiterhin ansteigt. Die dabei entstehenden Pyrolysegase bilden mit dem Kohlenmonoxid ein fettes Gemisch, welches beim Öffnen eines Fensters oder einer Tür durch den schlagartigen Sauerstoffzustrom zu einer *Rauchexplosion*, auch „*Back-draft*" genannt, führen kann (*vgl. Kemper, Brennen und Löschen, S. 26ff.*), (*vgl. Gisbert Rodewald, Brandlehre, S. 117ff., 185*).

Nachdem nun alle verbrennungsrelevanten Begriffe definiert sind, sowie der Verbrennungsvorgang und alle Voraussetzungen für diesen erklärt wurden, kann im nächsten Kapitel auf den Löschvorgang und die Löscheffekte eingegangen werden.

Literatur

Kemper: Brennen und Löschen. 3. Auflage. Landsberg/ Lech: Hüthig Jehle Rehm GmbH, 2008

Klingsohr, Kurt: Verbrennen und Löschen. 17. Auflage. Stuttgart: W. Kohlhammer GmbH, 2002

Rodewald, Gisbert: Brandlehre. 6. Auflage. Stuttgart: W. Kohlhammer GmbH, 2007

Widetschek, Otto: Alles über Zündquellen. In: Blaulicht. Fachzeitschrift für Brandschutz und Feuerwehrtechnik. 2009, 58, 12, S. 20–24

Widetschek, Otto: Der große Gefahrgut Helfer. Gefahren, richtiges Verhalten und Einsatzmaßnahmen bei Schadstoff-Unfällen. Graz – Stuttgart: Leopold Stocker Verlag, 2012

Widetschek, Otto: Elektrizität. In: Blaulicht. Fachzeitschrift für Brandschutz und Feuerwehrtechnik. 2009, 58, 06, S. 20–24

Widetschek, Otto: Was ist das Feuerdreieck?. In: Blaulicht. Fachzeitschrift für Brandschutz und Feuerwehrtechnik. 2009, 58, 08, S. 20–22

Widetschek, Otto: Was ist Feuer?. In: Blaulicht. Fachzeitschrift für Brandschutz und Feuerwehrtechnik. 2010, 59, 01, S. 12–15

Widetschek, Otto: Was versteht man unter Brandklassen. In: Blaulicht. Fachzeitschrift für Brandschutz und Feuerwehrtechnik. 2009, 58, 09, S. 20–23

Widetschek, Otto: Wie Kunststoffe brennen. In: Blaulicht. Fachzeitschrift für Brandschutz und Feuerwehrtechnik. 2010, 59, 05, S. 20–23

Was ist Löschen? 3

Bevor es möglich ist die unterschiedlichen Löschmittel zu analysieren und zu vergleichen, ist es absolut notwendig zu verstehen, was Löschen (Brandbekämpfung bzw. abwehrender Brandschutz) eigentlich ist und wie der Löschvorgang im Detail vor sich geht.

Löschen ist die Unterbrechung der chemischen Reaktion zwischen dem brennbaren Stoff und dem Sauerstoff, mit der Begleiterscheinung Feuer, durch technische und taktische Maßnahmen, wobei eine oder mehrere Bedingungen für das Brennen entfernt werden. In der Praxis kann heute das Löschdreieck in Analogie zum Feuerdreieck als Beschreibung der Löschwirkungen (Löscheffekte) dienen. Bei den Löschmitteln sind jeweils einer oder mehrere dieser Löscheffekte wirksam (*vgl. Kemper, Brennen und Löschen, S. 29f.*), (*vgl. Otto Widetschek, Löscheffekte und Löschdreieck, S. 12ff.*).

Der Löscheffekt kann entweder *quantitativ*, also durch Stören des Mischungsverhältnisses zwischen Brennstoff (Verdünnen/Trennen/Abmagern) und Sauerstoff (Ersticken/Trennen), *thermisch* (Kühlen) durch das Unterschreiten der Mindestverbrennungstemperatur, oder *antikatalytisch* erfolgen.

Das quantitative Löschverfahren, also das Stören der mengenmäßigen Reaktionsbedingung kann durch Verdünnen, Trennen oder Abmagern erfolgen. Bei Anwendung des *Verdünnungseffekts* wird die Brennstoffkonzentration vermindert (z. B. beim Verdünnen von brennendem Alkohol mit Wasser). Beim *Trennen* wird der Brennstoff vom Sauerstoff

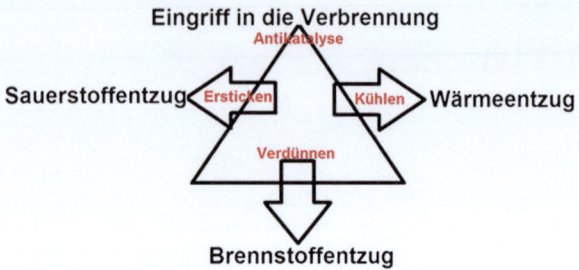

Abb. 3.1 Löschdreieck. (*Verfasser*)

getrennt z. B. durch eine Schaumdecke, beim Unterbinden eines Gaszustroms, beim Sprengen von Erdölquellen, beim Abschlagen von Druckgasflammen oder beim Bilden einer Waldbrandschneise. Beim Kühlen einer Flüssigkeit unter ihre Mindestverbrennungstemperatur, oder beim Umrühren nicht gleichmäßig erhitzter Flüssigkeiten spricht man vom *Abmagern*, da nicht mehr genügend brennbare Dämpfe vorliegen (*vgl. Kurt Klingsohr, Verbrennen und Löschen, S. 65*), (*vgl. Otto Widetschek, Löscheffekte und Löschdreieck, S. 12 ff.*), (*vgl. Gisbert Rodewald, Alfons Rempe, Feuerlöschmittel, S. 26 ff.*).

Bei Anwendung des *Stickeffekts* wird die Sauerstoffkonzentration vermindert oder gänzlich unterbunden (Trennen) z. B. durch das Einblasen von Inertgasen (unbrennbaren Gasen) wie z. B. Kohlenstoffdioxid, Stickstoff oder Argon oder durch Aufbringen einer Schaumdecke (*vgl. Otto Widetschek, Löscheffekte und Löschdreieck, S. 14*), (*vgl. Gisbert Rodewald, Alfons Rempe, Feuerlöschmittel, S. 26 ff.*).

Beim Stören der thermischen Reaktionsbedingung (*Kühleffekt*) wird, durch Wärmeentzug aus der Reaktionszone, die Temperatur unter die Mindestverbrennungstemperatur gebracht, wodurch der Brand erlischt. Hierbei finden Löschmittel mit großer Verdampfungsgeschwindigkeit und hoher Verdampfungswärme, die am besten fein verteilt sind, Einsatz, da sie so schnell wie möglich so viel Wärmeenergie wie möglich abtransportieren können müssen (kleinere Teilchen = größere Gesamtoberfläche = größere Kontaktfläche). Vor allem Wasser mit seinem guten Wärmebindungsvermögen, eingebracht in die Glut, weist diesen Löscheffekt auf. In der Praxis müssen jedoch auch Umgebungsoberflächen unter ihre Zündtemperatur gebracht werden, um ein Wiederentflammen zu verhindern (*vgl. Kemper, Brennen und Löschen, S. 31*), (*vgl. Otto Widetschek, Löscheffekte und Löschdreieck, S. 14 f.*), (*vgl. Gisbert Rodewald, Alfons Rempe, Feuerlöschmittel, S. 30 ff.*).

Bei der *Antikatalyse* werden Radikale in der Flamme ausgeschaltet, was zu einem Kettenabbruch führt. Überwiegen diese Abbruchreaktionen erlischt das Feuer. Es existieren zwei Arten von Antikatalyse/Inhibition. Erstens die homogene Antikatalyse, wobei die Radikale in der Flamme von Löschmittelradikalen chemisch gebunden werden, was zum Kettenabbruch führt (siehe Halone) und zweitens die heterogene Antikatalyse, bei welcher das Löschmittel, mit seiner kühlen, großen Oberfläche, als Wand wirkt, wobei die Brennstoffradikale an Energie verlieren, was wiederum zum Kettenabbruch führt (siehe Löschpulver) (*vgl. Kemper, Brennen und Löschen, S. 34 f.*), (*vgl. Otto Widetschek, Löscheffekte und Löschdreieck, S. 15*), (*vgl. Gisbert Rodewald, Alfons Rempe, Feuerlöschmittel, S. 34 ff.*).

Da nun bekannt ist, dass Löschen das Entfernen einer oder mehrerer für die Reaktion notwendiger Voraussetzungen ist und alle Löscheffekte, analog zum Löschdreieck, dargelegt wurden, kann jetzt im nächsten Kapitel auf die einzelnen Löschmittel und ihre spezifischen Löscheffekte eingegangen werden.

Literatur

Kemper: Brennen und Löschen. 3. Auflage. Landsberg/ Lech: Hüthig Jehle Rehm GmbH, 2008

Klingsohr, Kurt: Verbrennen und Löschen. 17. Auflage. Stuttgart: W. Kohlhammer GmbH, 2002

Rodewald, Gisbert, Alfons Rempe: Feuerlöschmittel. 7. Auflage. Stuttgart: W. Kohlhammer GmbH, 2005

Widetschek, Otto: Löscheffekte und Löschdreieck. In: Blaulicht. Fachzeitschrift für Brandschutz und Feuerwehrtechnik. 2013, 62, 01, S. 12–15

Löschmittel 4

Nachdem in den vorigen Kapiteln Verbrennungsvorgang und Löschvorgang genau auseinandergesetzt worden sind, kann hier auf die verschiedenen gängigen Feuerlöschmittel, ihre Löschwirkungen, ihre Vor- und Nachteile, sowie auf ihren Einsatz in der Praxis eingegangen werden. Feuerlöschmittel sind generell Stoffe, die durch bestimmte Löschwirkungen (Löscheffekte) den chemisch-physikalischen Verbrennungsvorgang unterbinden können und mittels Feuerlöschgerät oder automatischer Löschanlage aufgetragen werden. Es erfolgt dabei eine eindeutige Zuordnung zu den Brandklassen, d. h., ein Löschmittel einer Brandklasse muss für alle Brände dieser Brandklasse verwendbar sein (*vgl. Gisbert Rodewald, Alfons Rempe, Feuerlöschmittel, S. 21 f.*).

Bis vor über 100 Jahren wurde praktisch lediglich Wasser, als Löschmittel eingesetzt, denn erst durch Mineralölbrände war die Entwicklung anderer Löschmittel notwendig. So wurden 1903 chemischer Schaum und 1923 Luftschaum entwickelt. 1912 kam das erste Löschpulver in Verwendung und 1955 wurde auch das Glutbrandpulver herausgebracht. Erste Löschgase kamen bereits um 1900 auf den Markt. Die wichtigsten unter ihnen, die Halone, sind jedoch mittlerweile, wegen ihrer ozonschichtzerstörenden Wirkung, verboten. Jedoch existierten schon lange vor den heute bekannten Löschmitteln, neben Wasser, gewisse Sonderlöschmittel, die aber entweder nur kurzzeitig, oder in der Praxis gar nie in Verwendung waren. So war im 4. Jahrhundert v. Chr. bereits Essig zum Löschen von Kleinbränden bekannt. Im Mittelalter wurde teilwei-

Tab. 4.1 Löschmittel nach Brandklasse. (*Verfasser*)

Löschmittel	A	B	C	D	F
Wasser (+ Zusätze)	+	(+)	–	–	–
Schaum	+	+	–	–	–
Fettbrandlöschmittel	+	(+)	–	–	+
BC Pulver	–	+	+	–	–
ABC Pulver	+	+	+	–	–
Metallbrandpulver	–	–	–	+	–
Kohlendioxid	–	+	+	–	–
Chem. Löschgase	+	+	+	+	+
Inertgase	+	+	+	+	+

se die feuerlöschende Wirkung von Alaun erprobt und im Dreißigjährigen Krieg wurden salzgeladene Geschosse ins Feuer eingebracht. Bereits im 18. Jahrhundert erfanden Wissenschaftler die verschiedensten Löschmittel, welche aber nie richtigen Einsatz fanden (*vgl. Otto Widetschek, Löscheffekte und Löschdreieck, S. 12f.*), (*vgl. Otto Widetschek, Der Luftschaum als Löschmittel, S. 20f.*).

Derzeit, als Löschmittel relevant sind hauptsächlich Wasser, Luftschaum, Löschpulver sowie Löschgase. Wasser und wässrige Löschmittel können grob der Brandklasse A zugeordnet werden, Schaum ist für A und B verwendbar, BC-Löschpulver gilt für die Brandklassen B und C, ABC-Löschpulver löscht Brände der Klassen A, B, C und Kohlendioxid, als wichtigster Vertreter der Löschgase, wird für Brände der Klassen B und C verwendet. Weiters existieren einige Sonderlöschmittel, die nur in Sonderbereichen Verwendung finden (*vgl. Gisbert Rodewald, Alfons Rempe, Feuerlöschmittel, S. 13 ff., 22*).

4.1 Löschmittel und ihre Löschwirkungen

4.1.1 Wasser und wässrige Löschmittel

Wasser ist das älteste und bekannteste Löschmittel überhaupt und zählte schon von alters her zu den wichtigsten neben Asche und Sand. Mindestens 90 % der herkömmlichen Brände sind der Brandklasse A zuzu-

4.1 Löschmittel und ihre Löschwirkungen

ordnen und somit einfach mit Wasser zu löschen. Das Hauptlöschmittel bleibt bei allen Entwicklungen und Forschungen definitiv immer das Wasser. Der Rest ist mehr oder weniger zu den Sonderlöschmitteln zu zählen, da diese Substanzen in der Praxis nur bei mit Wasser nicht löschbaren Bränden angewandt werden. Wasser zeichnet sich aus durch seine große Verdampfungswärme, welche von der Dipoleigenschaft des Moleküls herrührt. Außerdem besitzt Wasser eine große Oberflächenspannung (Kohäsionskräfte an der Wasseroberfläche), welche bedeutend für die große Wurfweite bei Sprühstrahl ist.

Gefahr besteht, vor allem bei Metallbränden durch die Dissoziation des Wassers bei 2000 °C, wodurch sich Knallgas bildet. Mit Calciumcarbid darf Wasser ebenfalls nicht in Berührung kommen, da sich Acetylen abspaltet. Dies kann in einer Explosion enden. Alkali und Erdalkalimetalle (z. B. Natrium, Kalium, Calcium, Barium) reagieren sogar in nicht brennendem Zustand mit Wasser. Vorsicht ist außerdem bei elektrischen Anlagen geboten, da die Elektrolyte und etwaige Löschwasserzusätze eine gute Leitfähigkeit besitzen (*vgl. Gisbert Rodewald, Alfons Rempe, Feuerlöschmittel, S. 37ff.*).

Mögliche *Löschwasserzusätze* sind Frostschutzmittel, korrosionshemmende Zusätze, Konservierungsmittel, Zusätze zur Verringerung des Strömungswiderstands sowie löschwirksame Zusätze. Letztere haben sich jedoch Großteils als nicht wirtschaftlich erwiesen und finden nur bei begrenztem Löschwasservorrat Anwendung.

Löschwirksame Zusätze sind u. a. Gelbildner, Retardants und Netzmittel. Wässrige Löschmittel mit *Gelbildner Zumischung* bilden eine gelartige Schicht auf dem Brandgut, wodurch das Wasser langsamer abfließt und somit weniger Löschwasser notwendig macht. Wässrige Löschmittel mit *Retardant Zumischung* werden in den USA zur Waldbrandbekämpfung eingesetzt. *Netzmittel* verringern die Oberflächenspannung des Wassers, wodurch es das Brandgut besser benetzen kann und der Löschwasserverbrauch sowie die Löschzeit geringer werden. Zweckmäßig sind Netzmittel demnach bei Staub, Holzfasern, Textilballen, Torf, usw., können aber grundsätzlich bei allen Feststoffbränden Verwendung finden. Rein theoretisch wäre Netzwasser bei Feststoffbränden dem reinen Wasser, aufgrund des verminderten Wasserschadens, dem geringeren Löschmittelverbrauch und der verkürzten Löschzeit, vorzuziehen. In der Praxis wird man, wenn überhaupt, eher auf Mehrbereichsschaummittel zurückgreifen, da man mit diesen ggf. auch Schaum erzeugen kann und Netzmittel einen relativ hohen Preis aufweisen (*vgl. Gisbert Rodewald, Alfons Rempe, Feuerlöschmittel, S. 83 ff.*), (*vgl. Holger de Vries, Brandbekämpfung mit Wasser und Schaum, S. 69 ff.*).

Die *Löschwirkung* des Wassers beruht auf dem, bereits erwähnten, hohen Wärmebindungsvermögen, wodurch Wasser stark abkühlend wirkt. Ein Liter Wasser bindet bei der Erwärmung von 10 °C auf 100 °C 2635 kJ Wärme, diesen Wert erreicht kein anderes Löschmittel auch nur annähernd. Somit stört Wasser die thermische Reaktionsbedingung und unterbricht außerdem die weitere thermische Aufbereitung der brennbaren Stoffe.

Entscheidend für die Löschwirkung ist der Zerteilungsgrad, da dieser das praktische Wärmebindungsvermögen beeinflusst. Je feiner die Tröpfchen, desto größer ist die spezifische Oberfläche (Oberfläche im Verhältnis zur Masse). Je größer die spezifische Oberfläche, desto größer ist die Gesamtkontaktfläche mit dem Brandgut. Sprüh- und Nebelstrahltröpfchen können sich somit schneller erwärmen und verdampfen als die Masse des Vollstrahls, jedoch bedeuten sie größeren apparativen Aufwand, geringere Wurfweite und schlechtere Einbringung in die Reaktionszone. Rein theoretisch verfügte Wasser auch über eine hohe Stickwirkung, da aus einem Liter Wasser ca. 1700 Liter Wasserdampf entstehen. In der Praxis hat dieser Effekt jedoch keinerlei Bedeutung, da er nur bei reinen Flammbränden von Bedeutung wäre, wo die Berührungszeit aber so kurz ist, dass zu wenig entsteht. Außerdem ist Wasserdampf leichter als Luft und verschwindet somit sofort aus der Verbrennungszone. Früher wurden sogar Dampflöschverfahren entwickelt, die sich in der Praxis aber als unwirksam erwiesen. Eine erstickende Wirkung kann man Wasser nur bei Flüssigkeitsbränden zuschreiben, da beim Abmagern einer Flüssigkeit nicht mehr genügend brennbare Dämpfe in der Verbrennungszone vorhanden sind. Bei Bränden wasserlöslicher flüssiger Stoffe (z. B. Alkohole) kann durch Verdünnen eine Erhöhung des Flammpunkts erzielt werden, wodurch dieser Effekt eintritt. Jedoch ist für dieses Verfahren eine große Menge Wasser vonnöten und die Gefahr des Überlaufens gegeben, weswegen es praktisch nur im Freien bei einer geringen Menge verschütteter Flüssigkeit angewandt wird. Normalerweise wird hierbei eher auf alkoholbeständige Schäume oder ggf. Löschpulver zurückgegriffen (*vgl. Gisbert Rodewald, Alfons Rempe, Feuerlöschmittel, S. 51 ff.*).

Anwendungsarten
Wasser kann auf unterschiedliche Arten als Löschmittel angewandt werden. Früher war nur das Löschen mittels Löschkübel üblich. Erst im 16. Jahrhundert wurden die ersten Feuerspritzen entwickelt, welche einen geschlossenen Strahl abgeben konnten. 1672 wurden dann Feuerlöschschläuche entwickelt, die Wasserstrahlen mit großer Wurfweite und -Höhe erzeugten. Im 19. Jahrhundert erfand man den Sprühstrahl und erst seit den 1940er-Jahren ist der Nebelstrahl bekannt. Heutzutage finden hauptsächlich Voll-, Sprüh- und Nebelstrahl Verwendung (*vgl. Gisbert Rodewald, Alfons Rempe, Feuerlöschmittel, S. 55 f.*).

Vollstrahl Die Vorteile eines Vollstrahls sind die Möglichkeit große Entfernungen zu überbrücken und somit von Gefahrenquellen fernbleiben zu können, die hohe Auftreffwucht, welche ein tiefes Eindringen in Glutnester oder ein Beiseitespritzen von Trümmern ermöglicht, sowie die große Punktwirkung auch durch Spalten, wie bei einem Holzstapelbrand, hindurch. Grundsätze für die Verwendung des Vollstrahls sind ein relativ nahes Herangehen um die Auftreffwucht nutzen zu können, die Wahl des richtigen Strahlrohrs nach den Parametern Brandgröße (beachte: Effizienz, Wasserschaden), gewünschte Höhe, gewünschte Weite, und das Beachten der Rückkraft (*vgl. Gisbert Rodewald, Alfons Rempe, Feuerlöschmittel, S. 56 ff.*).

Sprühstrahl Für den Sprühstrahl wird der Wasserstrahl zerteilt, sodass der mittlere Durchmesser eines Tröpfchens 0,5 bis 1,5 mm beträgt. Vorteile des Sprühstrahls gegenüber dem Vollstrahl sind die größere Kühlwirkung durch die größere Gesamtoberfläche, welche in einem schnelleren Löschen mit weniger Wasserverbrauch und somit geringerem Wasserschaden resultiert und die Breiten- und Raumwirkung. Grundsätze für das Löschen mit Sprühstahl sind das Löschen von unten nach oben, für eine bessere Sicht und das Beachten der Wasserdampfbildung und die daraus resultierende Verbrühungsgefahr in geschlossenen Räumen. Bei Flüssigkeitsbränden soll man außerdem darauf achten die Flamme zurückzudrängen, keine toten Winkel, Flämmchen, oder heiße Gegenstände

Abb. 4.1 Sprühstrahl. (Reise Reise, Vorführung Brandbekämpfung mit Hohlstrahlrohr, Interschutz 2010, http://tinyurl.com/Spruehstrahl)

zu übersehen (vgl. *Gisbert Rodewald, Alfons Rempe, Feuerlöschmittel, S. 60 f.*).

Wassernebel Beim Wassernebel ist der Tröpfchendurchmesser mit 0,5–0,05 mm anzugeben, wobei die Vernebelung hierbei durch spezielle Strahlrohre (z. B. Hohlstrahlrohe oder Nebelpistolenrohre mit Hochdruck) erfolgt. Diese Löschtechnik ist immer mehr im Kommen.

Die Vorteile des Nebelstrahls sind die noch größere Oberfläche, als beim Sprühstrahl, welche eine noch bessere Wärmeübertragung bedingt, der Löscheffekt der Inhibition, welcher bei dieser Tröpfchengröße bereits eine Rolle spielt, sowie der geringe Wasserschaden und die zu vernachlässigende Umweltproblematik. Besonders geeignet sind Wassernebel bei Klein- und Mittelbränden der Brandklassen A, B und C. Relativ neue Entwicklungen auf dem Gebiet des Nebelstrahls sind das Impulslöschverfahren mit dem Impulsfeuerlöschgerät (IFEX 3000), welches Kleinbrände stoßweise mit 0,25 bis 1 l Wasser mit hohem Druck und einer Tröpfchengröße von 0,002–0,2 mm regelrecht ausschießt und das Turbolöschverfahren mit Turbolöschgeräten. Dies sind kleine Triebwerke oder große Lüfter, welche auf einem Luft-/Gasstrahl Wassertröpfchen auch über große Entfernungen transportieren und vor allem bei Tunnelbränden zum Einsatz kommen. Das *Impulslöschverfahren* wird jedoch u. a. auch kritisiert für seinen fehlenden Mannschutz, den begrenzten Löschmittelvorrat, die fehlende Brandrauchkühlung und die geringe Wurfweite.

Abb. 4.2 IFEX (Impulslöschverfahren). (Fischi, Bekämpfung eines KFZ-Brandes mittels IFEX, Feuerwehr Nettingsdorf, http://tinyurl.com/Impulsloeschverfahren)

Nachteile beim Nebelstrahl entstehen dadurch, dass die kleinen Tröpfchen keine sonderlich große Wurfweite haben und außerdem schwer zum Brandherd vordringen können, da die Auftriebskräfte der Brandgase eine regelrechte Barriere bilden (*vgl. Gisbert Rodewald, Alfons Rempe, Feuerlöschmittel, S. 61 ff.*), (*vgl. Otto Widetschek, Alles über das Löschmittel Wasser, S. 23 f.*), (*vgl. Holger de Vries, Brandbekämpfung mit Wasser und Schaum, S. 22 ff.*).

Aerosol Neuerdings existiert auch das Wasseraerosollöschverfahren mit Tröpfchen kleiner als 0,05 mm, welches vor allem bei Flüssigkeits- und Gasbränden, aufgrund der starken Antikatalyse, eingesetzt werden kann. Hierbei entsteht überhaupt kein Wasserschaden, jedoch erreicht man auch fast keine Wurfweite. Nur schlecht eingesetzt werden kann das Aerosol bei Glutbränden (*vgl. Otto Widetschek, Alles über das Löschmittel Wasser, S. 23*).

4.1.2 Löschschaum

Die Entwicklung von Schaum als Löschmittel begann als sich herausstellte, dass Wasser bei Mineralölbränden völlig unwirksam war. Man hat daraufhin die Oberflächenspannung des Wassers mit einem Schaummittel erniedrigt und dieses Gemisch mit einem Füllgas verschäumt. 1877 wurde das erste Schaumlöschgerät entwickelt. Verwendung fand che-

Abb. 4.3 Schaumlöschverfahren. (Brandweer Neder-Betuwe, kazerne Ochten (NL), Carfire being extinguished with AFFF foam, http://tinyurl.com/Schaumloeschverfahren)

mischer Schaum (Schaum welcher durch eine chemische Reaktion sein Füllgas (meist CO_2) selbst erzeugt) dann erstmals 1903. Dieser chemische Schaum wies jedoch einige Nachteile auf, die dann 1923, also ab der Verwendung von Luft als Füllgas (durch ein Luftschaumrohr), allesamt behoben werden konnten. Heute findet aufgrund dessen nur mehr der Luftschaum Verwendung (*vgl. Gisbert Rodewald, Alfons Rempe, Feuerlöschmittel, S. 89 ff.*).

Löschschaum kann entweder vorgemischt vorliegen oder durch einen Zumischer erzeugt werden. Wobei das Zumischen von Schaummittel zum Löschwasser als primäre Zumischung und die Verschäumung durch Schaumrohr oder Druckluft als sekundäre Zumischung bezeichnet wird. Ist kein Schaumrohr vorhanden, kann das Schaummittel-Wasser-Gemisch auch mit einem normalen Schaumrohr auf das Brandgut aufgetragen werden, wonach das Gemisch durch die Pyrolysegase verschäumt wird. Diesen Vorgang bezeichnet man als tertiäre Zumischung bzw. als sekundäre Verschäumung (*vgl. Gisbert Rodewald, Alfons Rempe, Feuerlöschmittel, S. 93*), (*vgl. Holger de Vries, Brandbekämpfung mit Wasser und Schaum, S. 75 ff., S. 105 ff.*).

Verwendbar ist Löschschaum für Brände von festen und flüssigen Stoffen, wobei der Löscheffekt bei beiden Bränden, aufgrund der umfassenderen Löschwirkung, ein besserer ist als bei reinem Wasser (*Ulrich Braun, Druckluftschaum, S. 7 ff.*), (*vgl. Otto Widetschek, Der Luftschaum als Löschmittel, S. 20 ff.*).

Bei uns relativ neu ist das *Druckluftschaumlöschverfahren (CAFS)*, wobei kompressorverdichtete Luft zum Schaummittelgemisch zugeführt wird. Durch dieses Verfahren kann nasser und trockener Schaum erzeugt werden, wobei der nasse sehr gut an senkrechten Flächen haftet und der trockene sich ausgezeichnet für präventive Maßnahmen eignet. Durch den Ausgleich des Druckverlusts bei der Verschäumung entsteht eine höhere Strömungsgeschwindigkeit und ergibt sich somit eine größere Wurfweite. Entwickelt wurde dieses Verfahren in den USA, zur Verwendung mit Class-A-Foam zum Legen von Schaumschneisen bei Waldbränden. Zur Anwendung von Druckluftschaum wurden verschiedene Systeme, wie z. B. die POLY-Löschanlage oder der Macaw-Rucksack, entwickelt. Zur Anwendung im Innenangriff ist Druckluftschaum nicht zu empfehlen, da weniger Wasser im Schaum auch weniger Kühlwirkung bedeutet, kein effizientes Kühlen der Rauchgasschicht möglich ist und die mitgebrachte Luft im Schaum den Brand im Innenangriff kurzzeitig intensiviert (unverbrannte Gase werden gezündet). In Europa fällt dieses System grundsätzlich durch, da europäische Schlauchsysteme ungeeignet sind, wie u. a. der Tübinger Unfall 2005 eindrucksvoll bewiesen hat. Außerdem kann das System nicht im Innenangriff verwendet werden, da einerseits der Schlauch dem Schaum unter Hitzeeinwirkung nicht standhält und andererseits Vollstrahlrohre Verwendung finden müssen, die im Innenangriff aber nicht nur ineffizient, sondern sogar gefährlich sind. Somit ergibt sich hier, für unsere Feuerwehren, ein geringer Nutzen bei einem hohen Preis (*Ulrich Braun, Druckluftschaum, S. 17ff.*), (*vgl. Holger de Vries, Brandbekämpfung mit Wasser und Schaum, S. 162ff.*).

Wichtige *Kenngrößen* für Schäume sind die Verschäumungszahl (VZ) und die Wasserhalbwertszeit (WHZ). Die *Verschäumungszahl* gibt das Verhältnis zwischen Flüssigkeitsmenge und Schaummenge an. Im Grunde rechnet man Schaumvolumen durch Flüssigkeitsvolumen um auf die VZ zu kommen. Die *Wasserhalbwertszeit* ist ein Maß für die Schaumbeständigkeit und gibt an, nach welcher Zeit die Hälfte der Flüssigkeit aus dem Schaum ausgetreten ist. Einerseits sollte ein Schaum eine gewisse Beständigkeit aufweisen, andererseits sollte die WHZ auch nicht zu groß sein, da ja nur durch das austretende Wasser eine Kühlwirkung erreicht wird. Die *Löschwirkung* des Löschschaums beruht auf der schwimmenden, geschlossenen Deckschicht, die er auf der brennenden Flüssigkeit bildet, durch welche keine weiteren brennbaren Dämpfe in die Reaktionszone gelangen können. Somit wird das Prinzip des Trennens angewandt. Weiters kühlt das, kontinuierlich aus dem Schaum austretende Wasser, das Brandgut (*vgl. Gisbert Rodewald, Alfons Rempe, Feuerlöschmittel, S. 94 ff.*).

Es existieren nun verschiedene *Schaummittel*. So gibt es u. a. Proteinschaummittel (PS) (auch Schwerschaummittel), Fluor-Proteinschaummittel (FPS), synthetische Schaummittel (S) (auch Mehrbereichsschaummittel (MBS)), alkoholbeständige synthetische Schaummittel (-AR/-ATC), wasserfilmbildende Proteinschaummittel (AFFF/A3F), filmbildende Fluor-Proteinschaummittel (FFFP/3FP) und Class-A-Foam (CAFSM). Wobei bei kommunalen Feuerwehren vor allem AFFF, MBS und CAFSM zum Einsatz kommen (*vgl. Gisbert Rodewald, Alfons Rempe, Feuerlöschmittel, S. 96 ff.*), (*vgl. Holger de Vries, Brandbekämpfung mit Wasser und Schaum, S. 86 ff.*).

Proteinschaummittel/Schwerschaummittel (PS) weisen eine Verschäumungszahl bis 20 auf und bestehen aus Eiweißen, Stabilisatoren und Konservierungsmitteln. Die Zumischung erfolgt bei 3–5 %. Dieses Schaummittel ist nicht mit anderen mischbar und wird heute kaum mehr verwendet (*vgl. Gisbert Rodewald, Alfons Rempe, Feuerlöschmittel, S. 97 f.*), (*vgl. Holger de Vries, Brandbekämpfung mit Wasser und Schaum, S. 87*).

Wasserfilmbildende Schaummittel (AFFF) bestehen aus synthetischen Fluorcarbon-Netzmitteln, hydrolysierten Proteinen und perfluorierten Kohlenwasserstoffderivaten. Diese Schaummittel bilden einen Film an der Grenzschicht zwischen Flüssigkeit und Schaum, welche nach Entfernen des Schaums bestehen bleibt. Hiermit können Schwer- oder Mittelschäume erzeugt werden (*vgl. Gisbert Rodewald, Alfons Rempe, Feuerlöschmittel, S. 98*), (*vgl. Holger de Vries, Brandbekämpfung mit Wasser und Schaum, S. 88 ff.*).

Fluor-Proteinschaummittel (FPS) enthalten zusätzlich zu den normalen Inhaltsstoffen eines Proteinschaummittels Fluortenside, welche abweisend gegenüber Kohlenwasserstoffen wirken. Somit ergeben sich eine größere Ausbreitungsgeschwindigkeit über das Brandgut und kürzere Löschzeiten. Dieses Schaummittel ist in der Petrochemie weit verbreitet, da mit ihm auch das Base-Injection-Verfahren realisierbar ist (*vgl. Gisbert Rodewald, Alfons Rempe, Feuerlöschmittel, S. 98 f.*), (*vgl. Holger de Vries, Brandbekämpfung mit Wasser und Schaum, S. 87 f.*).

Filmbildende Fluor-Proteinschaummittel (FFFP) bilden eine oleophobe Schicht zwischen Flüssigkeit und Schaum und werden als Schwer-

Abb. 4.4 Class-A-Foam. (Jim Peaco, Crew foaming YCC dormitory at Mammoth Hot Springs during 1988 Yellowstone fire, http://tinyurl.com/Class-A-Foam)

schaum verwendet (*vgl. Holger de Vries, Brandbekämpfung mit Wasser und Schaum, S. 88*).

Mehrbereichsschaummittel (MBS) sind synthetische Schaummittel, welche hydrolysierte Fettalkohole enthalten. Diese Schaummittel sind zur Erzeugung von Schwer-, Mittel- und Leichtschaum geeignet und finden deshalb am meisten Verwendung im Alltag. Die Zumischung erfolgt bei 2–3 % (*vgl. Gisbert Rodewald, Alfons Rempe, Feuerlöschmittel, S. 99*), (*vgl. Holger de Vries, Brandbekämpfung mit Wasser und Schaum, S. 93 ff.*).

Weiters existieren *Spezialschaummittel* für besondere Verhältnisse. Solche sind u. a. alkoholbeständige Schaummittel, welche demnach gegenüber polaren Flüssigkeiten beständig sind, Schaummittel für elektrische Anlagen (z. B. Expyrol E), welche nichtleitend sind und mit destilliertem Wasser verwendet werden, frostbeständige Schaummittel (z. B. Tutogen U30), sowie Schaummittel zur Landebahnbeschäumung (z. B. Komet Extrakt LB, Tutogen F), die demnach eine hohe Wasserhalbwertszeit aufweisen (*vgl. Gisbert Rodewald, Alfons Rempe, Feuerlöschmittel, S. 99 f.*).

Class-A-Foam-Schaummittel (CAFSM) werden seit 1970 in den USA zur Waldbrandbekämpfung eingesetzt und sind im Grunde hochkonzentrierte Mehrbereichsschaummittel mit einer Zumischrate unter 1 %, die unserem Netzwasser entsprechen. Sie sind vollkommen umweltverträglich und können auch zur Prophylaxe eingesetzt werden (*vgl. Holger de Vries, Brandbekämpfung mit Wasser und Schaum, S. 97 ff.*).

Weiters existieren verschiedene *Schaumarten* für verschiedene Anwendungsbereiche. *Schwerschaum* wird zum Abdecken brennender Flächen und zum Ablöschen von Feststoffbränden verwendet. Er weist eine hohe Kühlwirkung, durch seinen großen Flüssigkeitsanteil (VZ bis 20, WHZ 15 min.), auf, was seinen großen Vorteil ausmacht. Mit ihm können auch brennbare Flüssigkeiten gelöscht und brandgefährdete Objekte geschützt werden. Besonders geeignet ist Schwerschaum für große Mengen flüssiger Stoffe und große Entfernungen. Abgedeckt werden sollte hierbei schnell und in einem Zug. Empfehlenswert ist Schwerschaum vor allem dann, wenn keine großen Mengen Wasser verwendet werden dürfen, aber dennoch eine Kühlung erforderlich ist (z. B. Schiffsbrand, Koksbrand in geschlossenem Raum). Ein Schwerschaumverbot gilt bei wassergefährlichen Chemikalien (z. B. Metalle, Karbid, Branntkalk) und bei elektrischen Anlagen (*vgl. Gisbert Rodewald, Alfons Rempe, Feuerlöschmittel, S. 101 ff.*), (*vgl. Otto Widetschek, Der Luftschaum als Löschmittel, S. 20 ff.*).

Mittelschaum weist ungefähr dieselbe Löschwirkung wie Schwerschaum auf, jedoch erfolgt eine schlechtere Kühlwirkung (VZ 20–200, WHZ 20 min.). Hervorragend verwendbar ist Mittelschaum zum Einschäumen und zum Fluten von Räumen. Aufgrund seiner geringen Dichte ist es möglich dicke Schichten aufzutragen. Aufgrund der geringeren Flüssigkeitsmenge sind Löschmittelschäden geringer als beim Einsatz von Schwerschaum. Vorsicht ist bei Wind geboten, da Schäume mit einer Verschäumungszahl größer 150 fortgeweht werden können. Auch diese Schaumart kann bei wassergefährlichen Chemikalien keine Verwendung finden (*vgl. Gisbert Rodewald, Alfons Rempe, Feuerlöschmittel, S. 108 ff.*), (*vgl. Otto Widetschek, Der Luftschaum als Löschmittel, S. 20 ff.*).

Leichtschaum wirkt stark erstickend, da die Zerstörungsrate beim Auftragen 60–80 % beträgt und somit sofort eine große Menge Wasserdampf entsteht, welcher unter der Schaumdecke gestaut wird und somit den Sauerstoff verdünnt. Gut anwendbar ist dieser Schaum daher bei sperrigem Brandgut mit Zwischenräumen. Dafür weist dieser Schaum nur eine geringe abkühlende Wirkung auf (VZ größer 200, WHZ 30 min.). Zur Erzeugung dieses Schaums reicht kein Schaumrohr mehr, hier ist ein Leichtschaum-Generator vonnöten. Einsetzbar ist der Leichtschaum zum Fluten von Hallen bei Bränden von festen und flüssigen Stoffen, da mehrere 1000 m^3 innerhalb kürzester Zeit entstehen. Es kommt zu sehr geringen Löschmittelschäden, da der Wasser-

Abb. 4.5 Mittelschaum. (Uebersbach8362, Feuerwehrübung mit Mittelschaum, Bezirk Fürstenfeld, BDLP, http://tinyurl.com/Mittelschaum)

und Schaummittelbedarf äußerst gering ausfällt. Empfehlenswert ist die Verwendung von Leichtschaum bei Kohlestaubbränden, in Laderäumen und Maschinenräumen von Schiffen sowie in Werkhallen. Die Nachteile von dieser Art von Schaum sind ein großer apparativer Aufwand, die hohen Kosten und die reine Anwendbarkeit in Räumen. In der Praxis erfüllen mehrere Mittelschaumrohre den gleichen Effekt, weswegen sich Leichtschaum nur in ortsfesten Anlagen und bei Betriebsfeuerwehren durchgesetzt hat (*vgl. Gisbert Rodewald, Alfons Rempe, Feuerlöschmittel, S. 111 ff.*), (*vgl. Otto Widetschek, Der Luftschaum als Löschmittel, S. 20 ff.*).

4.1.3 Löschpulver

Entwickelt wurde das erste Löschpulver 1912, gleichbedeutend wie Wasser und Schaum wurde es allerdings erst 1950. Löschpulver weist das breiteste Einsatzspektrum auf, kann aber die Effizenz der anderen Löschmittel in ihren typischen Anwendungsgebieten nicht erreichen (*vgl. Gisbert Rodewald, Alfons Rempe, Feuerlöschmittel, S. 123 ff.*).

Es existieren BC-, ABC- und Metallbrandpulver für die unterschiedlichen Brände. *BC-Pulver* ist zur Anwendung bei Flüssigkeits- und Gasbränden gedacht und seine Löschwirkung beruht auf der heterogenen Inhibition. Diese *Löschwirkung* macht das Pulver verwendbar bei Flammenbränden und erzielt einen schlagartigen Löscheffekt, der von kaum

Abb. 4.6 Pulverlöschverfahren. (Peter Kollmann, Feuerwehrmann zündet Pulverlöscher, http://tinyurl.com/Pulverloeschverfahren)

einem anderen Löschmittel erreicht wird. Es besteht aus Natriumcarbonat und Kaliumcarbonat (und verschiedenen Zusätzen) mit einem Gemenge verschiedener Korngrößen von 2–200 µm, da feinere Körnchen eine größere Gesamtoberfläche bilden, jedoch auch eine geringere Wurfweite haben und leichter verklumpen. Es existieren auch schaumverträgliche BC-Pulver für einen kombinierten Pulver/Schaum-Angriff, da das Pulver ja keinerlei Kühlwirkung besitzt. Hervorragend geeignet ist Pulver zur Menschenrettung und bei anderen Sofortmaßnahmen (danach Kühlung notwendig), sowie auf Flugplätzen, bei Erdgasleitungen, Raffinerien, Tankanlagen, Industrie und zum Niederschlagen von Säurenebeln (*vgl. Gisbert Rodewald, Alfons Rempe, Feuerlöschmittel, S. 129 ff.*).

ABC-Löschpulver haben die gleiche *Löschwirkung* wie BC-Löschpulver, jedoch werden sie auch thermisch zersetzt und bilden somit eine Glasurschicht, die in die Brennstoffporen eindringt und somit eine Sauerstoffzufuhr unterbindet. Weiters wird die Strahlungswärme isoliert und dadurch eine weitere thermische Aufbereitung verhindert (nachhaltige Wirkung). Es besteht meist aus Ammoniumdihydrogenphosphat und Ammoniumsulfat. ABC-Löschpulver ist praktisch universell einsetzbar, weshalb es sich als tragbarer Feuerlöscher durchgesetzt hat, jedoch existieren auch Einsatzbereiche, in welchen es ausgeschlossen werden muss (z. B. Hochspannungsanlagen, Metallbrände). Es ist vielseitig einsetzbar und alle im Normalfall auftretenden Stoffe sind damit löschbar, was es sehr „narrensicher" macht. Zu empfehlen ist es vor allem bei Kraftfahrzeugen, Heizungsanlagen, Garagen, Werkstätten und Lagern. Nachteile sind die Unverwendbarkeit in Hochspannungsanlagen und vor allem die Sichtbehinderung, welche in Gebäuden Panik auslösen kann. Außerdem ist ABC-Löschpulver relativ teuer, weshalb es in großen Mengen nicht eingesetzt werden kann (*vgl. Gisbert Rodewald, Alfons Rempe, Feuerlöschmittel, S. 137 ff.*), (*Otto Widetschek, Das Pulver als Löschmittel, S. 20 ff.*).

Metallbrandpulver haben eine abdeckende Wirkung, da sie hauptsächlich Natriumchlorid und Kaliumchlorid enthalten, die bei Erwärmung schmelzen und eine harte Kruste bilden, wodurch der Sauerstoffzutritt unterbunden wird und eine geringe Kühlung an der Oberfläche erfolgt, was die *Löschwirkung* dessen ausmacht. Metallbrandpulver wird locker aufgetragen. Nachteile sind der mögliche Austritt giftiger Stäube und Gase und dass es derzeit noch nicht für alle Stoffe der Brandklasse D einsetzbar ist (*vgl. Gisbert Rodewald, Alfons Rempe, Feuerlöschmittel, S. 141 ff.*).

4.1.4 Chemische Löschgase/Halone

Halon kommt von halogenated hydro carbon, was die englische Form von halogenierter Kohlenwasserstoff ist. Halogenierte Kohlenwasserstoffe sind Kohlenwasserstoffe, bei welchen, mehr oder weniger viele, Wasserstoffatome durch Halogenatome ersetzt worden sind. Als Löschmittel kommen dabei Methan und Ethan mit Fluor, Brom, Chlor und Iod in Frage (*vgl. Dr. Ing. K. Dehn, Der Wirkungsmechanismus halogenierter Kohlenwasserstoffe als Feuerlöschmittel für bordfeste Löschanlagen, S. 3 ff.*).

Ab 1880 wurden Tetrachlormethan (104) (Tetra), Trichlormethan (103) (Chloroform) und andere Chlorverbindungen als Löschmittel eingesetzt. 1920 war Tetra als nicht übertroffenes Löschmittel bekannt. 1930 wurden andere Halone (mit Brom, Iod) mit noch besserer Löschwirkung entwickelt. 1950, beispielsweise, stufte man dann Trichlormethan, Chlorbrommethan (1011) (CB-X) und Dachlaurin (2/3 CB-X und 1/3 CO_2) als beste Löschmittel ein. 1960 verdrängten fluorierte Kohlenwasserstoffe Großteils alle anderen Halone. 1970 wurde die ozonschichtzerstörende Wirkung der meisten Halone bekannt, weswegen dann 1991 viele verboten wurden. So auch die, zu der Zeit als Löschmittel vor allem verwendeten Halone 1211 (Bromchlordifluormethan), 1301 (Bromtrifluormethan) und 2402 (Dibromtetrafluormethan). Außerdem waren die verwendeten Halone korrosiv, toxisch und leisteten einen wesentlichen Beitrag zum Klimawandel. Seit damals wird akribisch nach Ersatzstoffen gesucht. Das Resultat lautet leider es gibt keinen Stoff mit dem gleichen Effekt, welcher nicht auch umwelt- oder gesundheitsschädlich wirkt, nicht finanziell ineffizient ist, oder nicht nur stationär angewandt werden kann (*vgl. Gisbert Rodewald, Alfons Rempe, Feuerlöschmittel, S. 147ff.*), (*vgl. Dr. Ing. K. Dehn, Der Wirkungsmechanismus halogenierter Kohlenwasserstoffe als Feuerlöschmittel für bordfeste Löschanlagen, S. 28f.*).

In Bereichen, in denen früher Halone eingesetzt wurden, werden heute vor allem erstickend wirkende Gase (Inertgase), wie Kohlendioxid, Stickstoff oder Argon eingesetzt. Außerdem existieren Neuentwicklungen wie Inergen, welches aus 40 % Argon, 52 % Stickstoff und 8 % CO_2 besteht (CO_2 Anteil regt Atemzentrum an, daher keine Erstickungsgefahr), oder OxyRedukt, einem System zur Senkung der Sauerstoffkonzentration unter 15 Vol.%. Diese Ersatzstoffe decken den ortsfesten Einsatzbereich von Halonen im Wesentlichen ab, wenn auch mit geringerer Effizienz (*vgl. Gisbert Rodewald, Alfons Rempe, Feuerlöschmittel, S. 150ff.*), (*vgl. Otto Widetschek, Gase als Löschmittel, S. 20ff.*).

Für Sondereinsatzgebiete, bei welchen auch diese Löschgase nicht zum Einsatz kommen können, wie wichtige elektrische und EDV-Anlagen, Schutzbereiche unwiederbringlicher Güter, dem Schienenverkehr und der Schiff- und Luftfahrt wurden verschiedene neue halogenierte Kohlenwasserstoffe entwickelt, welche eine ähnlich gute Löschwirkung wie die früher verwendeten Halone aufweisen, jedoch die Ozonschicht nicht schädigen. Dennoch tragen auch diese Stoffe teilweise zum Treibhauseffekt bei. Außerdem können diese Löschgase nur stationär angewandt werden und spielen daher im Feuerwehralltag eine untergeordnete Rolle. Diese Stoffe sind überwiegend Fluorkohlenwasserstoffe und Perfluorkohlenwasserstoffe mit den Namen FM200 (Heptafluorpropan), Fe-13, Fe-36, CEA 410 und Trigon 300, wobei Trigon 300 am schnellsten und gesundheitsschonendsten löscht. Außerdem wurde das neue Löschgas Novec 1230 entwickelt, welches weder ozonschichtzerstörend wirkt, noch wesentlich zum Treibhauseffekt beiträgt, da es zu einer anderen Gruppe, nämlich der fluorierten Ketone zählt. Ein weiterer Vorteil von Novec ist, dass es bei Umgebungsbedingungen flüssig und somit ein druckfreier Transport möglich ist (*vgl. Gisbert Rodewald, Alfons Rempe, Feuerlöschmittel, S. 150ff.*), (*Jörg Reintsema, Brandschutz-Wegweiser,*

S. 208 ff.), (*Rainer Jaspers, Neuere chemische Löschmittel und deren physikalische Eigenschaften, S. 3 ff.*).

Beim Militär und in der Luftfahrt wird oftmals, wegen ihrer außerordentlichen, unerreichten Löschwirkung, immer noch auf die ansonsten verbotenen Halone zurückgegriffen.

Die *Hauptlöschwirkung* von Halonen beruht auf der homogenen Inhibition. Bei hohen Temperaturen zersetzen sich die Stoffe und Radikale werden abgespalten. Diese Löschmittelradikale verbinden sich mit den Brennstoffradikalen und führen zum sofortigen Reaktionsabbruch. Weiters findet bei Erhitzung eine Volumenvergrößerung statt, welche mit einer Sauerstoffverdrängung einhergeht (*vgl. Gisbert Rodewald, Alfons Rempe, Feuerlöschmittel, S. 150 ff.*), (*Jörg Reintsema, Brandschutz-Wegweiser, ...*).

4.1.5 Inertgas Kohlenstoffdioxid

1877 wurden die ersten Löschapparaturen mit Kohlendioxid entwickelt, aber erst 1890 wurde Kohlendioxid, auf einem Baumwolldampfer, erstmals erfolgreich als Löschmittel angewandt. Häufige Verwendung findet es heute in ortsfesten Löschanlagen sowie in Feuerlöschern, weswegen es hier als einziges Inertgas gesondert angeführt wird (*vgl. Gisbert Rodewald, Alfons Rempe, Feuerlöschmittel, S. 155 f.*).

Die *Löschwirkung* von Kohlenstoffdioxid beruht auf der Stickwirkung, da CO_2 den Sauerstoffzutritt verhindert. Angewandt werden kann CO_2 somit nur bei Flüssigkeits- oder Gasbränden. Die Einsatzarten sind CO_2-Schnee, welcher durch eine Schneedüse erzeugt wird und kleine Flüssigkeitsbrände löschen kann, CO_2-Nebel erzeugt durch eine Nebeldüse bestehend aus einer Schneegasmischung und CO_2-Gas erzeugt mittels Gasdüse, das v. a. bei Gasbränden eingesetzt wird (*vgl. Gisbert Rodewald, Alfons Rempe, Feuerlöschmittel, S. 166 ff.*).

Abb. 4.7 Tragbarer Kohlenstoffdioxidlöscher. (Frank C. Müller, Ein 2 kg-Kohlendioxid-Feuerlöscher, http://tinyurl.com/tragbarer-Kohlendioxidloescher)

4.1.6 Sonstige Lösch- und Behelfsmittel

4.1.6.1 Sand
Sand wird zur Verhinderung der Waldbrandausbreitung oder gegen eine Flüssigkeitsausbreitung verwendet. Nasser Sand kann Phosphor löschen und außerdem ist es damit möglich kleinere Flüssigkeits- und Leichtmetallbrände zu bekämpfen (*vgl. Gisbert Rodewald, Alfons Rempe, Feuerlöschmittel, S. 173 f.*).

4.1.6.2 Graugussspäne
Graugussspäne wurden früher bei Leichtmetallbränden eingesetzt (*vgl. Gisbert Rodewald, Alfons Rempe, Feuerlöschmittel, S. 174*).

4.1.6.3 Schweröl
Schweröl fand früher ebenfalls bei Leichtmetallbränden Verwendung. Heute wird es nur mehr zum Kühlen in der Leichtmetallverarbeitung eingesetzt (*vgl. Gisbert Rodewald, Alfons Rempe, Feuerlöschmittel, S. 174*).

4.1.6.4 Kochsalz
Kochsalz ist bei Leichtmetallbränden verwendbar und kann auch bei kleinen Bränden fester Stoffe eingesetzt werden. Sein großer Vorteil ist

der günstige Preis (*vgl. Gisbert Rodewald, Alfons Rempe, Feuerlöschmittel, S. 175*).

4.1.6.5 Inertgase

Inertgase werden, wie bereits erwähnt, Großteils als Ersatz für Halone verwendet, bzw. grundsätzlich als Löschmittel in ortsfesten Anlagen. Sie wirken durch Sauerstoffverdrängung. Die häufigsten neben CO_2 sind Stickstoff und Argon. Stickstoff wirkt wie CO_2 hat aber einen größeren Raumbedarf, eine geringfügig schlechtere Löschwirkung und eine größere Dichte, weswegen es sich nicht am Boden sammelt. Argon benötigt eine relativ hohe Konzentration um löschwirksam zu sein und weist allgemein eine schlechtere Löschwirkung als Kohlendioxid auf (*vgl. Gisbert Rodewald, Alfons Rempe, Feuerlöschmittel, S. 175 f.*), (*Otto Widetschek, Gase als Löschmittel, S. 20*).

4.1.6.6 Wasserdampf

Wasserdampf kann gegen Flüssigkeitsbrände eingesetzt werden, ist aber sehr teuer und wird deshalb heute praktisch nicht mehr verwendet (*vgl. Gisbert Rodewald, Alfons Rempe, Feuerlöschmittel, S. 176*).

4.1.6.7 Mizellen-Einkapselungs-Verfahren

Mizellen-Einkapselungs-Agenzien sind, in den USA seit 1997, unter dem Markennamen F500 bekannt und werden derzeit in Europa einem Prüfverfahren unterzogen. Seit 2004 werden sie vom italienischen Militär auf Kriegsschiffen verwendet. Bewährt hat sich dieses Löschmittel vor allem bei Kohlebränden, es kann aber bei allen Bränden fester und flüssiger Stoffe und bedingt für Gas- und Metallbrände eingesetzt werden. Alle Brände im Haushalt sind effektiv mit diesem Löschmittel bekämpfbar. Die Löschwirkung ergibt sich aus der Zusammenlagerung von Tensiden, ab einer bestimmten Konzentration in Wasser, zu kleinen Tröpfchen, sogenannten Mizellen, welche die Oberflächenspannung des Wassers reduzieren, brennbare Stoffe einkapseln und somit schwer entflammbar werden lassen. Sie erhöhen die Verdunstungsrate des Wassers und ermöglichen ein tiefes Eindringen in den Brennstoff. Die Vorteile sind ein geringer Löschmittelbedarf, ein schneller Löscherfolg, sowie die gesundheitliche und biologische Unbedenklichkeit. Einziger Nachteil ist ihr hoher Preis (*vgl. Andreas Dries, F-500: Löschmittel mit neuartigem Wirkprinzip, S. 2ff.*).

4.1.6.8 Fettbrandlöschmittel

So genannte Fettbrandlöscher mit Fettbrandlöschmittel wurden speziell entwickelt um Fettbrände effektiv bekämpfen zu können, da alle anderen Löschmittel hier weitestgehend versagen. Das F-Löschmittel bildet, durch Verseifung, eine Emulsionsschicht beim Auftreffen auf das Fett, welche einen Stickeffekt hervorruft (*vgl. Otto Widetschek, Was versteht man unter Fettexplosion?, S. 22*).

Es existieren noch unzählige weitere Sonderlöschmittel, bzw. werden auch laufend neue erfunden, welche aber derzeit für die Feuerwehrpraxis keinerlei Relevanz besitzen, oder grundsätzlich finanziell ineffizient sind, weshalb sie hier keine Erwähnung finden. Es würde den Rahmen dieses Werks sprengen alle neuartigen Erfindungen und Entdeckungen aufzulisten, einige bekannte sind jedoch beispielsweise PyroBubbles, die DSPA5 Löschbombe und ein Feuerlöschverfahren durch niederfrequente Schallwellen.

4.2 Vor- und Nachteile der einzelnen Löschmittel

4.2.1 Wasser und wässrige Löschmittel

Vorteile

- stärkste abkühlende Wirkung (größtes Wärmebindungsvermögen)
- klassisches A-Löschmittel (90 % der Brände sind A-Brände)
- breites Anwendungsspektrum
- einfacher Transport mittels Pumpen und Schläuchen über große Höhen und Weiten
- größte Wurfweite und -Höhe
- kein besonderes Herstellungsverfahren = preiswertestes Löschmittel
- ungiftig, ungefährlich
- de-facto unerschöpflich

4.2 Vor- und Nachteile der einzelnen Löschmittel

Nachteile

- hoher Gefrierpunkt:
  - zugefrorene Löschwasserentnahmestellen
  - Glatteisbildung an der Einsatzstelle
  - Zerstörung von Rohren und Pumpen durch Volumenvergrößerung
- unsachgemäße Anwendung = hoher Wasserschaden
- Ausschluss bei einigen Bränden
- umweltschonende Entsorgung von verschmutztem und kontaminiertem Löschwasser notwendig (ev. Löschwasserrückhaltebecken)

Vollstrahl

Vorteile

- Überbrücken großer Entfernungen möglich
- Abstand halten von Gefahrenquellen möglich
- hohe Auftreffwucht
- tiefes Eindringen in Glutnester
- Beiseitespritzen von Trümmern möglich
- große Punktwirkung

Nachteile

- geringe Kühlwirkung
- großer Wasserverbrauch = großer Löschwasserschaden
- keine Breitenwirkung

Sprühstrahl

Vorteile

- große Kühlwirkung
- geringer Wasserverbrauch = geringer Wasserschaden
- Breiten- und Raumwirkung

Nachteile

- Wasserdampfbildung = Verbrühungsgefahr
- nahes Herangehen nötig
- geringe Eindringtiefe
- geringe Auftreffwucht
- keine Punktwirkung

Nebelstrahl

Vorteile

- sehr große Kühlwirkung
- Inhibition
- sehr geringer Wasserschaden
- beinahe kein abfließendes Löschwasser
- für A, B und C einsetzbar

Nachteile

- sehr geringe Wurfweite
- schlechtes Eindringungsvermögen

Aerosol

Vorteile

- für B und C einsetzbar
- starke Inhibition
- kein Wasserschaden

Nachteile

- keine Wurfweite
- schlechte Wirkung bei Feststoffbränden

Netzmittel

Vorteile

- verringerte Oberflächenspannung = bessere Benetzung des Brandguts
- geringerer Löschwasserverbrauch = verminderter Wasserschaden
- geringere Löschzeit

Nachteile

- teuer

(vgl. Gisbert Rodewald, Alfons Rempe, Feuerlöschmittel, S. 66 ff.), (vgl. Otto Widetschek, Alles über das Löschmittel Wasser, S. 20 ff.), (vgl. Holger de Vries, Brandbekämpfung mit Wasser und Schaum, S. 93 ff., 96, 97 ff., 267 f., 326 ff., 368 ff.)

4.2.2 Löschschaum

Vorteile

- höhere Effizienz bei A- und B-Bränden
- einfaches Fluten eines Raums bei Explosions- oder Einsturzgefahr
- elektrische Anlagen:
  - Fluten geschlossener Anlagen (Kanäle, Schächte) möglich
  - leicht entfernbar
  - kein Einfluss auf nicht betroffene Bereiche
  - geringere elektr. Leitfähigkeit (vor allem in fließendem Zustand)
- umfassende Löschwirkung = besserer Löscheffekt bei A- und B-Bränden
- geringere Brandgutausschwemmung
- für Landlebewesen unbedenklich

Nachteile

- teuer
- meist nur ca. 10 min. anwendbar (geringer Vorrat)
- hohe Konzentrationen sind aquatoxisch
- erhöhtes Umweltrisiko: durch ev. enthaltene Fluorcarbontenside (nicht kommunal ausklärbar, hohe Persistenz)

Schwerschaum

Vorteile

- hohe Kühlwirkung (großer Flüssigkeitsanteil)
- Prävention möglich
- große Entfernungen überwindbar
- anwendbar wenn eine Kühlwirkung nötig, aber kein Wassereinsatz möglich (Schiffsbrand, Koksbrand in geschl. Raum)

Nachteile

- keine elektrischen Anlagen löschbar
- keine wassergefährlichen Chemikalien löschbar

Mittelschaum

Vorteile

- perfekt zum Fluten und Einschäumen geeignet
- dicke Schichten auftragbar (geringe Dichte)
- geringerer Löschmittelschaden

Nachteile

- nicht windbeständig
- keine wassergefährlichen Chemikalien löschbar
- schlechtere Kühlwirkung

Leichtschaum

Vorteile

- stark erstickend (Wasserdampfbildung) = gute Eignung für sperriges Brandgut
- Fluten von Hallen (mehrere 1000 m^3 in kürzester Zeit) möglich
- sehr geringe Löschmittelschäden (Kohlestaubbrände, Laderäume + Maschinenräume von Schiffen, Werkhallen)

Nachteile

- großer apparativer Aufwand
- geringe Kühlwirkung
- nur für Räume geeignet
- Praxis: mehrere Mittelschaumrohre ergeben denselben Effekt

Druckluftschaum

Vorteile

- geringerer Löschmittelverbrauch
- leichtere Schlauchleitung
- geringerer Gegendruck in der Wassersäule
- nasser Schaum haftet an senkrechten Flächen
- trockener Schaum für präventive Maßnahmen und Nachlöscharbeiten
- größere Wurfweite

Nachteile

- längere Wegstrecken:
  - kein erneutes Pumpen möglich
  - ineffizient und unwirtschaftlich
- sehr teuer
- geringe Kühlwirkung
- europäische Schlauchsysteme ungeeignet (siehe Tübinger Unfall 2005)

- Innenangriff:
  - kein Kühlen der Rauchgasschicht möglich
  - mitgebrachte Luft intensiviert Brand kurzzeitig (Entzündung unverbrannter Gase)
  - Schlauch hält nicht Stand
  - benötigte Vollstrahlrohre sind eine Gefahr im Innenangriff

(vgl. Gisbert Rodewald, Alfons Rempe, Feuerlöschmittel, S. 104 ff., 109 ff., 113 ff.), (Ulrich Braun, Druckluftschaum, S. 24 ff.), (Otto Widetschek, Der Luftschaum als Löschmittel, S. 20 ff.), (vgl. Holger de Vries, Brandbekämpfung mit Wasser und Schaum, S. 179 ff., 313 ff., 326 ff.)

4.2.3 Löschpulver

Vorteile

- Isolation gegenüber elektr. Strom
- breitestes Einsatzspektrum
- hervorragend für Menschenrettung und Sofortmaßnahmen geeignet (danach Kühlung notwendig)
- keinerlei Umweltgefahr
- schlagartigster Löscheffekt
- Praxis: ABC-Pulver ist universell einsetzbar (meist verwendeter tragbarer Feuerlöscher) = „narrensicher"

Nachteile

- Bildung leitfähiger Beläge bei Wasseraufnahme
- kein Einsatz von ABC-Pulver unter Hochspannung
- kein Erreichen der Effizienz anderer Löschmittel in ihren typischen Anwendungsgebieten
- Verschmutzung von Anlagen
- Sichtbehinderung (Panik)
- Schwieriges Einbringen in die Reaktionszone (unterschiedlich große Körner oder Monnex-Pulver nötig)

4.2 Vor- und Nachteile der einzelnen Löschmittel

- keine Kühlwirkung (BC)
- teuer

(*vgl. Gisbert Rodewald, Alfons Rempe, Feuerlöschmittel, S. 134 f., 139 f., 143*), (*Otto Widetschek, Das Pulver als Löschmittel, S. 20 ff.*)

4.2.4 chemische Löschgase/Halone

Vorteile

- universell verwendbar
- geringe erforderliche Konzentration
- elektrische Isolation
- rückstandsfreies Löschen
- Großteils ungiftig und unbedenklich für Personen
- fluorierte Kohlenwasserstoffe: allgemein effektivste Löschmittel
- neue Halone: keine ozonschichtzerstörende Wirkung
- Novec 1230:
  - druckfreier Transport möglich
  - nicht ozonschichtzerstörend
  - kein Beitrag zum Treibhauseffekt
- Trigon 300:
  - schnelle Löschwirkung
  - geringe Personengefährdung

Nachteile

- ozonschichtzerstörende Wirkung
- neue Halone:
  - schlechtere Löschwirkung
  - teilweise Beitrag zum Treibhauseffekt
  - **nur stationär anwendbar**

(*vgl. Gisbert Rodewald, Alfons Rempe, Feuerlöschmittel, S. 147 ff.*), (*Jörg Reintsema, Brandschutz-Wegweiser, S. 208 ff.*), (*Rainer Jaspers, Neuere chemische Löschmittel und deren physikalische Eigenschaften, S. 3 ff.*)

4.2.5 Inertgase

Vorteile

- bedingt als Halonersatzstoffe einsetzbar
- rückstandsfrei

Nachteile

- geringere Effizienz
- teilweise Erstickungsgefahr
- **nur stationär anwendbar**
- CO_2:
  - mangelnde Kühlwirkung
  - unwirksam im Freien
  - unwirksam bei Glutbränden
  - Gefahr statischer Aufladung beim Fluten als Schutzgas
  - Atemgift
  - Verbrennungen der Haut möglich
  - ungeeignet bei Metallbränden (Sauerstoffabspaltung)
- Stickstoff: größerer Raumbedarf
- Argon: höhere Konzentration nötig

(*vgl. Gisbert Rodewald, Alfons Rempe, Feuerlöschmittel, S. 155 ff.*)

4.3 Besonderheiten im praktischen Einsatz

4.3.1 Wasser und wässrige Löschmittel

In der Praxis wird Wasser meist mit 5 bis 8 bar Druck durch ein Mehrzweck-/Hohlstrahlrohr aufgetragen, wobei das Hohlstrahlrohr, aufgrund der Einstellbarkeit des Volumenstroms und der Strahlform, sowie des einfachen Stop-and-go-Betriebs um einiges effizienter ist, vor allem, was die Schadensbegrenzung betrifft (*vgl. Holger de Vries, Brandbekämpfung mit Wasser und Schaum, S. 22 ff.*).

4.3 Besonderheiten im praktischen Einsatz

Weiters existieren noch das *Hochdruck- und Höchstdrucklöschverfahren*, wobei das Hochdrucklöschverfahren (HD) 16 bis 40 bar und das Höchstdrucklöschverfahren mehr als 40 bar verwendet. Diese Löschverfahren bringen eine größere Anzahl an Wassertröpfchen auf den Brandherd und stellen somit in kürzerer Zeit eine größere Oberfläche zur Wärmeübertragung zur Verfügung. Lediglich die hohen Anschaffungskosten stellen hierbei einen Minuspunkt dar. Mobile Hochdrucklöschverfahren und vor allem HD-Schnellangriffseinrichtungen werden oft kritisiert, da sie eine begrenzte Länge und einen relativ hohen Druckverlust im Vergleich zur Länge und zum Durchmesser des Schlauchs aufweisen. Eine Erhöhung des Drucks bei reinem Wasser wird von einigen Autoren generell als ineffizient angesehen. Von anderen Autoren wiederum werden HD-Schnellangriffseinrichtungen durchaus, aufgrund ihrer schnellen Verwendung mit wenigen Mann, als vorteilhaft angesehen (*vgl. Holger de Vries, Brandbekämpfung mit Wasser und Schaum, S. 22 ff.*).

Grundsätze für die Verwendung des *Vollstrahls* sind ein relativ nahes Herangehen um die Auftreffwucht nutzen zu können, die Wahl des richtigen Strahlrohrs nach den Parametern Brandgröße (beachte: Effizienz, Wasserschaden), gewünschte Höhe, gewünschte Weite, und das Beachten der Rückkraft (*vgl. Gisbert Rodewald, Alfons Rempe, Feuerlöschmittel, S. 57 f.*).

Grundsätze für das Löschen mit *Sprühstahl* sind das Löschen von unten nach oben für eine bessere Sicht und das Beachten der Wasserdampfbildung und die daraus resultierende Verbrühungsgefahr in geschlossenen Räumen. Bei Flüssigkeitsbränden soll man außerdem darauf achten, die Flamme zurückzudrängen, keine toten Winkel, Flämmchen, oder heiße Gegenstände zu übersehen (*vgl. Gisbert Rodewald, Alfons Rempe, Feuerlöschmittel, S. 61*).

Netzmittel verringern die Oberflächenspannung des Wassers, wodurch es das Brandgut besser benetzen kann und der Löschwasserverbrauch sowie die Löschzeit geringer werden. Zweckmäßig sind Netzmittel demnach bei Staub, Holzfasern, Textilballen, Torf, usw., können aber grundsätzlich bei allen Feststoffbränden Verwendung finden. Rein theoretisch wäre Netzwasser bei Feststoffbränden dem reinen Wasser, aufgrund des verminderten Wasserschadens, dem geringeren Löschmittelverbrauch und der verkürzten Löschzeit, vorzuziehen. In der Praxis wird man jedoch eher auf Mehrbereichsschaummittel zurückgreifen, da man mit diesen ggf. auch Schaum erzeugen kann und Netzmittel einen relativ hohen Preis aufweisen (*vgl. Gisbert Rodewald, Alfons Rempe, Feuerlöschmittel, S. 85*), (*vgl. Holger de Vries, Brandbekämpfung mit Wasser und Schaum, S. 93 ff., 96, 97 ff., 267 f., 326 ff., 368 ff.*).

In der Praxis muss Wasser, trotz seines großen Einsatzspektrums, als Löschmittel bei einigen Bränden ausgeschlossen werden. *Metallbrände*, vor allem Leichtmetallbrände, dürfen, aufgrund heftiger Reaktionen, auf keinen Fall mit Wasser gelöscht werden. Einige Metalle (Lithium, Natrium, Kalium, Rubidium, Caesium, Calcium, Barium, Strontium) sind unter gewissen Bedingungen selbstentzündlich und lösen mit Wasser bereits im kalten Zustand heftige Reaktionen aus. Somit scheiden hier neben Wasser auch CO_2, ABC und BC Löschpulver und wasserhaltige Löschmittel aus. Verwendung finden dürfen Salze, trockener Sand und v. a. alle D Sonderlöschmittel. Im heißen Zustand reagieren außerdem Metalle wie Beryllium, Magnesium (häufig in Fahrzeugen), Aluminium und Titan mit Wasser, weswegen alle oben genannten Löschmittel auch für diese Gruppe ausscheiden. Geeignet sind Metallbrandpulver, Salze und trockener Sand. Werden solche Brände, bei welchen teilweise Verbrennungstemperaturen bis 3000 °C entstehen können, dennoch mit Wasser gelöscht, wird das Wasser dissoziiert, wobei der freiwerdende Wasserstoff verbrennt und sich der übrigbleibende Sauerstoff mit dem Metall, unter einer heftigen Reaktion, verbindet. Eventuell kann es hierbei auch zu einer Knallgasbildung und einer heftigen Explosion kommen. In den meisten Fällen sind Metallbrände gar nicht löschbar, da in der nötigen Zeit nicht genügend Löschmittel zur Verfügung steht. Im Vordergrund wird immer das Verhindern von Sekundärbränden stehen und das Brandgut wird man unter Aufsicht abbrennen lassen (*vgl. Gisbert Rodewald, Alfons Rempe, Feuerlöschmittel, S. 68 ff.*).

Weiters darf Wasser als Löschmittel nicht bei *Schornsteinbränden* eingesetzt werden, da bei einem solchen oftmals Temperaturen über 1000 °C erreicht werden. Wird mit Wasser gelöscht ergeben sich zwei Gefahren. Einerseits hat man eine enorme Wasserdampfbildung, welche einen Überdruck erzeugt und somit zur Zerstörung des Schornsteins führt. Andererseits entstehen durch das Abkühlen große Temperaturspannungen im Schornstein, welche diesen zum Aufreißen bringen. Am besten ist hier das kontrollierte Ausbrennen lassen und nachträgliches Durchreinigen des Schornsteins. Bei Industrieschornsteinen oder

4.3 Besonderheiten im praktischen Einsatz

großem Funkenflug wird man ABC-Löschpulver einsetzen (*vgl. Gisbert Rodewald, Alfons Rempe, Feuerlöschmittel, S. 71 f.*).

Es existieren auch einige *Chemikalien*, welche nicht mit Wasser gelöscht werden dürfen, da sie mit Wasser reagieren. Es sind dies vor allem: Kaliumhydroxid, Calciumhydroxid, Natriumhydroxid, Alkalialkoholate, Alkaliamalgame, Alkaliamide, Alkalihybride, Aluminiumalkyle, Aluminiumborhydrid, Aluminiumcarbid, Aluminiumchlorid, Calciumaluminiumhydrid, Calciumcarbid, Chlorsulfonsäure, Chromschwefelsäure, Natriumethylat, Natriumamid, Natriumperoxid, Pyroschwefelsäure, Schwefelsäure, Phosphoroxitrichlorid, Phosphorpentachlorid, Phosphortrichlorid, Metallalkyle und viele mehr. Für die Praxis kann gesagt werden, dass alle Stoffe, welche ein X am Anfang der Gefahrennummer aufweisen nicht mit Wasser in Berührung kommen dürfen (*vgl. Gisbert Rodewald, Alfons Rempe, Feuerlöschmittel, S. 72 f.*).

Bedingte Anwendbarkeit findet Wasser bei Flüssigkeits- und Gasbränden, bei Bränden in elektrischen Anlagen, Staubbränden, größeren Glutbränden in geschlossenen Räumen, Bränden quellfähiger und wasseraufsaugender Stoffe sowie künstlicher Düngemittel.

Flüssigkeitsbrände sind mit Wasser löschbar, wenn entweder der Flammpunkt der Flüssigkeit über 55 °C liegt, sodass eine Abkühlung unter den Flammpunkt erfolgen kann, oder wenn die Flüssigkeit mit Wasser mischbar ist und somit verdünnt werden kann, wenn die Flüssigkeit schwerer ist als Wasser, oder bei geringen Mengen ausgetretener Flüssigkeit, auch wenn oben genannte Faktoren nicht gegeben sind. Gefahren bei Flüssigkeitsbränden bestehen u. a. durch die sogenannte „*Fettexplosion*". Mit diesem Begriff wird das schlagartige Verdampfen von Wasser in v. a. Fetten oder Ölen (aber im Grunde bei allen Flüssigkeiten in Behältern mit Siedepunkt über 100 °C) bezeichnet. Nachdem Wasser schwerer ist als Öl, sinkt es nach unten und wird hier durch den Siedeverzug überhitzt, was ein plötzliches, explosionsartiges Verdampfen bewirkt bei dem das heiße Öl mit herausgeschleudert wird und explosionsartig verbrennt. In der Praxis werden solche Stoffe mit Nebelstrahl oder Luftschaum gelöscht (bzw. mit einer Löschdecke oder einem speziellen Feuerlöscher für Fettbrände). Eine weitere Gefahr bei Flüssigkeitsbränden ist das Überlaufen von Behältern oft auch kombiniert mit dem Sinken des Wassers unter die brennende Flüssigkeit (*vgl. Gis-

bert Rodewald, Alfons Rempe, Feuerlöschmittel, S. 73 ff.), (*vgl. Kemper, Brennen und Löschen, S. 47 f.*).

Bei *Gasbränden* ist der Einsatz von Wasser meist zwecklos, manchmal kann jedoch ein Vollstrahl zum Abreißen der Flamme vom Gasstrom oder der Sprühstrahl zum Abkühlen nützlich sein. In der Praxis wird man, vor allem bei höherem Ausströmdruck, eher auf Löschpulver zurückgreifen oder gar nicht löschen, da die Gefahr der Bildung einer explosiven Atmosphäre gegeben ist (*vgl. Gisbert Rodewald, Alfons Rempe, Feuerlöschmittel, S. 75*).

Bei Bränden in *elektrischen Anlagen* ist es, für den Einsatz von Wasser, notwendig einen geeigneten Sicherheitsabstand einzuhalten. Bei Niederspannung sind für Sprühstrahl 1 m und für Vollstrahl 5 m vorgeschrieben. Bei Hochspannung muss man 5 m bei Sprühstrahl und 10 m bei Vollstrahl einhalten. Nach Möglichkeit sollte hierbei jedoch immer der Sprühstrahl zum Einsatz kommen (*vgl. Gisbert Rodewald, Alfons Rempe, Feuerlöschmittel, 75 ff.*).

Bei *Staubbränden* muss insbesondere auf das Verhindern von Aufwirbelung geachtet werden, weswegen kein Vollstrahl Verwendung finden darf. Hierbei besteht Verpuffungs- und Explosionsgefahr. Sprühstrahl und Netz- oder Schaummittel sollten verwendet werden (*vgl. Gisbert Rodewald, Alfons Rempe, Feuerlöschmittel, S. 78*).

Die Gefahr von *großen Glutbränden in geschlossenen Gebäuden* besteht in der Wassergasbildung (Wasserstoff und Kohlenmonoxid = Atemgift) durch große Koks-, Braunkohle-, oder Grudemassen, der großen Hitze und der damit einhergehenden Verbrühungsgefahr. Im Zweifelsfall sollte von außen mit Wasser oder Schaum geflutet werden (*vgl. Gisbert Rodewald, Alfons Rempe, Feuerlöschmittel, S. 79*).

Einen ganz besonderen Brandfall stellen Brände von weißem *Phosphor* dar. Dieser ist selbstentzündlich ab 50 °C und oxidiert an der Luft kontinuierlich zu Phosphorpentoxid, wobei die nötige Temperatur zur Selbstentzündung (v. a. als Staub) von alleine erreicht wird. Bei weißem Phosphor ist somit kein endgültiges Löschen möglich. Vorübergehend kann er mit Wasser gelöscht werden, sobald dieses jedoch verdampft ist entzündet er sich sofort wieder von selbst. Gefahren hierbei sind außerdem das Spülen des Phosphors an unübersichtliche Stellen, wo versteckte Brände entstehen können. In der Praxis verwendet man hierbei Wasser nur zur Rettung von Personen oder bei Sekundärbränden. Primär wird man den Phosphor mit nassem Sand abdecken und ins Freie schaffen, wo dieser kontrolliert abbrennen kann. Bei etwaigen Phosphorbrandwunden muss sofort die Kleidung entfernt werden und das betroffene Körperteil unter Wasser mit Seife abgebürstet werden. Anschließend wird mit 5%iger Natronlösung gespült bis keine Dämpfe mehr aufsteigen (*vgl. Gisbert Rodewald, Alfons Rempe, Feuerlöschmittel, S. 79 ff.*).

Quellfähige Stoffe sind z. B. Getreide, Hülsenfrüchte, Baumwolle, Flachs, Hanf und Pellets. Bei diesen Stoffen darf kein Wasser verwendet werden, da die Volumenvergrößerung zur Zerstörung von Gebäuden führen kann (*vgl. Gisbert Rodewald, Alfons Rempe, Feuerlöschmittel, S. 81*).

Von *wasseraufsaugenden Stoffen* geht die Gefahr eines Einsturzes aus, da sie viel Wasser aufnehmen können, ohne ihr Volumen wesentlich zu vergrößern und damit aber um einiges schwerer werden (z. B. Brandschutt) (*vgl. Gisbert Rodewald, Alfons Rempe, Feuerlöschmittel, S. 81*).

Künstliche Düngemittel sind zwar selbst unbrennbar, Stickstoffdünger können aber unter thermischer Zersetzung toxische Gase (nitrose Gase, rotbraun) bilden, weswegen Abkühlung und schwerer Atemschutz vonnöten sind. Calciumoxiddünger reagiert außerdem gefährlich mit Wasser. Mischdünger sind demnach mit besonderer Vorsicht zu behandeln (*vgl. Gisbert Rodewald, Alfons Rempe, Feuerlöschmittel, S. 81 f.*).

4.3.2 Löschschaum

Löschschaum sollte, für eine hohe Effizienz und einen geringen Wasserschaden, möglichst zügig auf eine möglichst große Fläche aufgetragen werden. Wichtig bei einem Innenangriff ist es, nicht auf das Kühlen der Rauchgasschicht zu vergessen. Bei Flüssigkeitsbränden sollte am besten AFFF Schaum verwendet werden, bei dem ein flüssigkeitsabdeckender Film vorauseilt. Generell sollte der Schaum hierbei von mehreren Seiten aus, ohne Unterbrechung und ohne Druck aufgetragen werden (*Ulrich Braun, Druckluftschaum, S. 40 ff., 62 ff.*).

Verwendung bei elektrischem Strom: Bei geschlossenen Anlagenteilen sollte man einen Abstand von einem Meter halten. Bei offenen Anlagenteilen bis 1000 V gelten 3 m Abstand, über 1000 V ist die Anlage spannungsfrei zu schalten (*vgl. Holger de Vries, Brandbekämpfung mit Wasser und Schaum, S. 248 ff.*). Grundsätzlich sollte generell ein Tensid-Schaummittel mit niedriger Zumischrate (z. B. Class-A-Foam) verwendet werden, um eine deutliche Verbesserung bei Feststoffbränden, gegenüber reinem Wasser, zu erreichen. Zusätzlich sollte ein zweites Schaummittel, speziell für Flüssigkeitsbrände (am besten AFFF), vorrätig gehalten werden, um eine größtmögliche Effizienz, zu erzielen. Dies ist nur leider aus finanziellen Gründen derzeit meist ein Ding der Unmöglichkeit (*vgl. Holger de Vries, Brandbekämpfung mit Wasser und Schaum, S. 368 ff.*).

4.3.3 Löschpulver

Flammenbrände, also Brände der Klassen B und C, werden gelöscht, indem man die Pulverwolke innig mit der Flamme vermischt. Um diesen Effekt erreichen zu können, müssen die Flammen komplett eingehüllt werden, wozu ein gewisser Abstand zum Brandherd erforderlich ist. Grundsätzlich sollte, bei seitlichem Hin- und Herschwenken mit dem Wind, von vorne nach hinten und von unten nach oben gelöscht werden. Weiters sollten Löschpausen unbedingt vermieden werden. Große Gefahr besteht bei der Verwendung von BC-Pulver durch mögliche Rückzündungen, da das Brandgut nicht vom Luftsauerstoff getrennt wird. Es existieren auch schaumverträgliche BC-Pulver für einen kombinierten Pulver/Schaum-Angriff, da das Pulver ja keinerlei Kühlwirkung besitzt. Keinerlei Wirkung hat es bei Bränden von Feststoffen und Metallen und Brände der Brandklasse F können nur kurzzeitig bekämpft werden, flammen aber sofort wieder auf (*vgl. Gisbert Rodewald, Alfons Rempe, Feuerlöschmittel, S. 123 ff.*), (*vgl. Bahrmatt, Löschpulver, http://tinyurl.com/Loeschpulver*), (*vgl. Kurt Klingsohr, Verbrennen und Löschen, S. 94 ff.*).

Bei der Bekämpfung von *Glutbränden* müssen kurze, weiche Pulverstöße auf den Brandherd abgegeben werden, da eine geschlossene Pulverschicht auf dem Brandgut nötig ist (*vgl. Bahrmatt, Löschpulver, http://tinyurl.com/Loeschpulver*).

Metallbrandpulver, zur Bekämpfung von *Metallbränden*, muss weich und drucklos, meist mit einer Pulverbrause, aufgetragen werden, um eine luftdichte Schicht entstehen zu lassen, da ein harter Strahl ungewünschte Reaktionen hervorrufen könnte (*vgl. Bahrmatt, Löschpulver, http://tinyurl.com/Loeschpulver*), (*vgl. Kemper, Verbrennen und Löschen, S. 52*).

Ein Problem des Löschpulvers ist seine Schwierigkeit in die Reaktionszone einzudringen. Neu entwickelt wurde das Monnex-Pulver, das aus kleinen Kristallen besteht, welche in der Hitze der Flamme platzen und dann viele kleine Pulverteilchen freisetzen (*Otto Widetschek, Das Pulver als Löschmittel, S. 24 f.*).

Verwendung bei elektrischem Strom: Zu beachten ist, dass alle Löschpulver bei Wasseraufnahme leitfähige Beläge bilden und dass ABC-Löschpulver ab 70 °C schmelzen und somit leitfähig werden (kein Einsatz bei Hochspannung). Grundsätzlich sind bei der Bekämpfung von Bränden in elektrischen Anlagen dieselben Abstände wie bei der Verwendung von Wassersprühstrahl einzuhalten (*vgl. Gisbert Rodewald, Alfons Rempe, Feuerlöschmittel, S. 128*).

In diesem Kapitel wurden die gängigsten Löschmittel auf ihre Löschwirkung hin analysiert. Außerdem wurden die daraus resultierenden Vorteile und Nachteile noch einmal detailliert aufgeschlüsselt. Zum Schluss wurden noch wichtige praktische Hinweise für den Löschalltag zu den drei wichtigsten Löschmitteln, Wasser, Schaum und Pulver, gegeben.

Literatur

Bahrmatt: Löschpulver. 22.11.2014 17:08. URL: https://de.wikipedia.org/w/index.php?title=L%C3%B6schpulver&oldid=136079687 (Zugegriffen: 12.01.2015)

Braun, Ulrich: Druckluftschaum. 1. Auflage. Stuttgart: W. Kohlhammer GmbH, 2010

Dehn, K.: Der Wirkungsmechanismus halogenierter Kohlenwasserstoffe als Feuerlöschmittel für bordfeste Löschanlagen. 1. Auflage. Bonn-Hardthöhe: ABC Geräte- und Entwicklungsschau, 1960

de Vries, Holger: Brandbekämpfung mit Wasser und Schaum. 3. Auflage. Landsberg/Lech: Hüthig Jehle Rehm GmbH, 2008

Dries, Andreas: F-500: Löschmittel mit neuartigem Wirkprinzip. Stuttgart: 2009. Als Download: http://www.f-500.eu/index.php/component/phocadownload/category/3-presse?download=26:brandschutz-das-loeschmittel-f-500

Jaspers, Rainer: Neuere chemische Löschmittel und deren physikalische Eigenschaften. GRIN Verlag GmbH, 2013

Kemper: Brennen und Löschen. 3. Auflage. Landsberg/ Lech: Hüthig Jehle Rehm GmbH, 2008

Klingsohr, Kurt: Verbrennen und Löschen. 17. Auflage. Stuttgart: W. Kohlhammer GmbH, 2002

Reintsema, Jörg: Brandschutz-Wegweiser. Technischer Brandschutz und Brandschutzsysteme. 2. Auflage. Erlangen: Publicis Publishing, 2013

Rodewald, Gisbert, Alfons Rempe: Feuerlöschmittel. 7. Auflage. Stuttgart: W. Kohlhammer GmbH, 2005

Roß, Reimund, Peter Symanowski: Feuerlöscher. 10. Auflage. Stuttgart: W. Kohlhammer GmbH, 2001

Widetschek, Otto: Alles über das Löschmittel Wasser. In: Blaulicht. Fachzeitschrift für Brandschutz und Feuerwehrtechnik. 2012, 61, 12, S. 20–25

Widetschek, Otto: Das Pulver als Löschmittel. In: Blaulicht. Fachzeitschrift für Brandschutz und Feuerwehrtechnik. 2013, 62, 03, S. 20–25

Widetschek, Otto: Der Luftschaum als Löschmittel. In: Blaulicht. Fachzeitschrift für Brandschutz und Feuerwehrtechnik. 2013, 62, 02, S. 20–24

Widetschek, Otto: Gase als Löschmittel. In: Blaulicht. Fachzeitschrift für Brandschutz und Feuerwehrtechnik. 2013, 62, 04, S. 20–25

Widetschek, Otto: Löscheffekte und Löschdreieck. In: Blaulicht. Fachzeitschrift für Brandschutz und Feuerwehrtechnik. 2013, 62, 01, S. 12–15

Widetschek, Otto: Was versteht man unter Fettexplosion?. In: Blaulicht. Fachzeitschrift für Brandschutz und Feuerwehrtechnik. 2010, 59, 09, S. 20–22

Fazit 5

Im Rahmen dieses Werks wurden zum Einstieg Verbrennungs- und Löschvorgang, sowohl vom wissenschaftlichen, als auch vom feuerwehrtechnischen Standpunkt aus, näher erläutert und anschließend die einzelnen Feuerlöschmittel, mit ihren spezifischen Löschwirkungen, ihren Vor- und Nachteilen, sowie ihrer praktischen Einsatzweise, untersucht.

Abschließend bleibt lediglich die Frage zu klären, ob es ein Universallöschmittel (Allroundlöschmittel) gibt oder ob dessen Existenz überhaupt möglich ist. Nach derzeitigem Erkenntnisstand und nach Abwägen der Vor- und Nachteile aller Löschmittel stellt sich heraus, dass kein Löschmittel existiert, mit welchem jeder Brand löschbar und welches gleichzeitig ökologisch und ökonomisch effizient ist. Grundsätzlich, vom rein wissenschaftlichen Standpunkt aus, könnten so ziemlich alle Brände mit chemischen Löschgasen, also Halonen, bekämpft werden, doch der Umweltschutzaspekt und andere Faktoren lassen dies nicht zu. Eine ähnlich gute und effiziente Löschwirkung, was Schadensbegrenzung betrifft, weisen auch Inertgase auf, diese sind jedoch lediglich in Räumen und vor allem nur im ortsfesten Betrieb einsetzbar. Andere Ersatzstoffe, für die universell einsetzbaren Halone, sind überwiegend finanziell unrentabel, gesundheitsschädlich, nur ortsfest anwendbar, oder belasten ebenfalls die Umwelt, was sie, in der Praxis, leider auch als Allroundlöschmittel disqualifiziert.

In der Praxis werden vorwiegend Wasser, Schaum und Pulver von den Feuerwehren verwendet, da mit diesen alle herkömmlichen Brände, die einem im Alltag unterkommen, gelöscht werden können, weswegen diese auch als Hauptlöschmittel bezeichnet und alle übrigen mehr oder weniger den Sonderlöschmitteln zugeordnet werden können, da mit ihnen hauptsächlich seltene Sonderfälle von Bränden zu bekämpfen sind.

Meist wird Wasser grundsätzlich als Allroundlöschmittel der Feuerwehren bezeichnet, da mindestens 90 % der Brände Feststoffbrände, also Brände der Brandklasse A, und somit effizient mit Wasser löschbar sind und Wasser mit Zusätzen ein sehr breites Einsatzspektrum aufweist. Jedoch hat auch Wasser einige, oben genannte, Nachteile und muss für relativ viele Brände, aufgrund seiner Eigenschaften, ausscheiden. Trotzdem wird Wasser, wegen seiner Ungiftigkeit, Ungefährlichkeit, Unerschöpflichkeit und seiner ökonomischen Effizienz wahrscheinlich immer das Hauptlöschmittel schlechthin bleiben und niemals von einem anderen Löschmittel abgelöst werden. Effizient und taktisch verwendet, sowie nicht zuletzt auch durch neue technische Errungenschaften, kann heutzutage der Wasserschaden gering gehalten und auch eine Umweltbelastung durch kontaminiertes Löschwasser vermindert oder gar ausgeschlossen werden. Praktisch wird somit Wasser vermutlich immer das „Allroundlöschmittel" der Feuerwehren bleiben, egal welche neuen Entwicklungen und Erfindungen aufkommen oder welche Forschungen auch immer betrieben werden.

Bezogen auf den häuslichen Alltag ist zu empfehlen auf ABC-Pulverlöscher zurückzugreifen, da diese eindeutig das breiteste Einsatzspektrum aufweisen, ihre Effizienz für Klein- und Mittelbrände sicherlich genügt, der Löschmittelschaden relativ gering gehalten werden kann, der Preis in diesem kleinen Rahmen annehmbar und die Bedienung sehr einfach ist, weswegen auch Ungeschulte im Normalfall keine Fehler machen können.

Glossar

Brennbarkeit: Die Brennbarkeit gibt das Brandverhalten eines Stoffes nach der Zündung, gemessen an der Brenngeschwindigkeit und der Wärmeentwicklungsrate, an. Stoffe werden nach ihrer Brennbarkeit in schwerbrennbar, normalbrennbar und leichtbrennbar eingeteilt.

Brennpunkt: Als Brennpunkt bezeichnet man jene Temperatur ab der sich genügend Dämpfe über einem Stoff gebildet haben, dass ein selbstständiges Weiterbrennen nach Wegnahme der Zündquelle möglich ist.

Brennwert: Der Brennwert ist der Quotient zwischen der freiwerdenden Wärmemenge und dem Gewicht des Brennstoffs, mitsamt dem enthaltenen Wasser, bei vollständiger Verbrennung des Stoffs.

Elektronegativität: Die Elektronegativität gibt die Tendenz eines Atoms an, Elektronen an sich zu ziehen. Je stärker ein Atom Elektronen anzieht, desto höher ist seine Elektronegativität. Beispiele:

Element	Elektronegativität
Wasserstoff	2,2
Kohlenstoff	2,5
Stickstoff	3,1
Sauerstoff	3,5
Fluor	4,1

Entzündbarkeit: Die Entzündbarkeit gibt die Geschwindigkeit der Einleitung des Brennvorgangs an. Ein Stoff ist umso leichter entzündbar je weniger Wärme er zum Erreichen der Zündtemperatur benötigt. Neben der Art des brennbaren Stoffes ist die Entzündbarkeit jedoch auch abhängig von der Größe der Oberfläche und dem Aggregatzustand in dem sich dieser befindet. Bei Gasen und Dämpfen können sich die Brennstoffteilchen direkt mit dem Sauerstoff verbinden, bei festen Stoffen ergibt eine feine Verteilung derer eine große Oberfläche, also eine große Angriffsfläche für den Sauerstoff, wie z. B. bei Stäuben. Eingeteilt werden Stoffe in leichtentzündlich, normalentzündlich und schwerentzündlich.

Explosionsgrenzen und Explosionsbereich: Der Explosionsbereich, also der Bereich innerhalb welchem eine Verbrennung, mehr oder weniger stark, ablaufen kann, liegt zwischen der unteren und der oberen Explosionsgrenze. Unter der unteren Explosionsgrenze ist das Gemisch zu mager, oberhalb der oberen Explosionsgrenze ist es zu fett, somit kommt es zu keiner Verbrennung.

Fettexplosion: Versucht man Fettbrände, bei denen Temperaturen von ca. 280 °C erreicht werden, mit Wasser zu löschen, kommt es zu einer schlagartigen Verdampfung des Wassers. Hierbei werden fein verteilte Fetttröpfchen mit herausgerissen, welche im Wasserdampfstrom explosionsartig verbrennen. Diese Reaktion kann allerdings nicht nur bei Fetten und Ölen, sondern im Grunde bei allen Flüssigkeiten in Behältern mit Siedepunkt über 100 °C ablaufen.

Flammpunkt: Der Flammpunkt ist jene Temperatur ab der sich genügend Dämpfe über einem Stoff gebildet haben um ein kurzes Aufflammen mit einer Zündquelle zu ermöglichen. Zum Weiterbrennen kommt es erst ab dem Brennpunkt. Der Flammpunkt entspricht der unteren Explosionsgrenze. Beispiel:

Glossar 67

Heizwert: Der Heizwert gibt den Quotient zwischen der freiwerdenden Wärmemenge und dem Gewicht des Brennstoffs, ohne die Verdampfungswärme des Wassers, bei vollständiger Verbrennung des Stoffs, an.

Knallgas: Gasförmiger Wasserstoff und Sauerstoff bilden ein Knallgas, welches unter offenem Feuer, in einer Knallgasexplosion, zu Wasser reagiert.

Mindestverbrennungstemperatur: Wird die Mindestverbrennungstemperatur, welche meist über dem Flammpunkt liegt, unterschritten kann sich ein Brand nicht mehr selbstständig ausbreiten. Somit muss beim Löschen nur unter diese und nicht unbedingt unter den Flammpunkt gekühlt werden.

Rauchdurchzündung: Werden noch nicht brennbare Stoffe durch die Hitze eines Entstehungsbrands im Raum thermisch aufbereitet, strömen sie brennbare Pyrolysegase aus, welche beim Erreichen der Zündtemperatur und der richtigen Sauerstoffkonzentration schlagartig durchzünden, dieser Vorgang wird Rauchdurchzündung oder auch „Flash-over" genannt. Begünstigt wird diese Rauchdurchzündung durch einen plötzlichen Zustrom von Sauerstoff.

Rauchexplosion: Erlöschen die Flammen, da in einem Raum zu wenig Sauerstoff vorhanden ist, kann es zu einem Schwelbrand kommen, bei dem große Mengen Kohlenmonoxid, durch die unvollständige Verbrennung, entstehen, wobei die Temperatur aber weiterhin ansteigt. Die dabei entstehenden Pyrolysegase bilden mit dem Kohlenmonoxid ein fettes Gemisch, welches beim Öffnen eines Fensters oder einer Tür durch den schlagartigen Sauerstoffzustrom zu einer Rauchexplosion, auch „Back-draft" genannt, führen kann.

Stöchiometrisches Massenverhältnis: Das stöchiometrische (Stöchiometrie = Lehre von den Mengenverhältnissen bei chemischen Reaktionen) Massenverhältnis ist jenes Verhältnis, zwischen den beteiligten Stoffen, bei dem eine Reaktion optimal abläuft, da bei einer chemischen Verbindung das Massenverhältnis zwischen den beteiligten Komponenten immer konstant ist.

Van't Hoff'sche Regel: Steigt die Temperatur um $10\,°C$ steigert sich die Reaktionsgeschwindigkeit um das Doppelte bis Dreifache. Dies erklärt u. a. den raschen Temperaturanstieg bei Bränden in geschlossenen Räumen, da es hierbei zu einem Wärmestau

kommt, welcher eine Steigerung der Reaktionsgeschwindigkeit nach sich zieht, wodurch sich die Temperatur wiederum erhöht.
$v_n = v_0 \cdot x^n$

v_n ... Endverbrennungsgeschwindigkeit

v_0 ... Anfangsverbrennungsgeschwindigkeit

n ... Vielfaches der Temperaturzunahme um 10°C

x ... Reaktivitätsfaktor (2 oder 3)

Verschäumungszahl: Die Verschäumungszahl gibt das Verhältnis zwischen dem Schaumvolumen und dem Wasser-Schaummittel Gemisch an. Nach ihr werden die Schäume in Schwer-, Mittel- und Leichtschaum eingeteilt.

Verschäumungszahl = Schaumvolumen/Flüssigkeitsvolumen

Wassergas: Wird z. B. ein großer Kohlebrand in einem geschlossenen Raum mit Wasser gelöscht, kann sich, durch Reaktion von Wasserdampf und der erhitzten Kohle, Wassergas, eine Mischung aus Wasserstoff und Kohlenstoffmonoxid bilden, welches ein starkes Atemgift darstellt. $C + H_2O \rightarrow CO + H_2$

Wasserhalbwertszeit: Die Wasserhalbwertszeit gibt an nach welcher Zeit die Hälfte der im Schaum enthaltenen Flüssigkeit wieder aus diesem ausgetreten ist. Je höher diese ist, desto beständiger ist der Schaum, desto geringer ist aber auch die Kühlwirkung.

Zündtemperatur: Die Zündtemperatur gibt jene Temperatur an ab welcher sich ein Stoff, ohne eine Zündquelle, durch einen Wärmestau, selbstentzündet.

Abstände bei elektrischem Strom

Löschmittel	Niederspannung	Hochspannung	Sonstiges
Wasservollstrahl	5 m	10 m	Wenn möglich vermeiden
Wassersprühstrahl	1 m	5 m	(Tragbarer Wasserlöscher: 3 m)
Schwerschaum	–	–	Verbot
Mittel- & Leichtschaum	3 m	–	Geschlossene Anlagen: 1 m; Verbot bei Hochspannung
BC-Pulver	1 m	5 m	Elektrische Isolation; Bildung leitfähiger Beläge bei Wasseraufnahme; Verbot bei staubempfindlichen Anlagen
ABC-Pulver	1 m	–	Elektrische Isolation; Bildung leitfähiger Beläge bei Wasseraufnahme; Verbot bei staubempfindlichen Anlagen; Verbot bei Hochspannung
Kohlenstoffdioxid	1 m	5 m	Elektrische Isolation
Chemische Löschgase	1 m	5 m	Elektrische Isolation
Inertgase			Elektrische Isolation

Sachverzeichnis

A
Aerosollöschverfahren, 33
Aktivierungsenergie, 17
   Mindestverbrennungstemperatur, 17
   Zündenergie, 17
   Zündtemperatur, 17

B
Brandklassen, 10
Brennbarer Stoff, 7
Brennbarkeit, 15
Brennstoff, 7
Brennwert, 14
   Heizwert, 14

D
Druckluftschaumlöschverfahren, 34

E
Entzündbarkeit, 14

F
Fettbrandlöschmittel, 46
Fettexplosion, 57
Feuerdreieck
   Feuertetraeder, 7
Feuerlöschmittel, 27
   Löschmittel, 27
Flammen, 4

G
Glut, 4

H
Halone, 41
   chemische Löschgase, 41
Hochdrucklöschverfahren, 55

I
Impulslöschverfahren, 32
Inertgase, 45

K
Katalysator, 19
Kohlenstoffdioxid, 43

L
Leichtschaum, 38
Löschdreieck, 23
Löscheffekt, 23
   Löschwirkung, 23
Löschpulver, 39
   ABC-Löschpulver, 40
   BC-Pulver, 39
   Metallbrandpulver, 41
Löschschaum, 33
Löschvorgang, 23
   Brandbekämpfung, 23
   Löschen, 23
Löschwasserzusätze, 29
   Netzwasser, 29

M
Mengenverhältnis, 15
   Explosionsbereich, 16

Explosionsgrenze, 16
Flammpunkt, 16
Mittelschaum, 38
Mizellen-Einkapselungs-Verfahren, 45

N
Nebelstrahl, 32

R
Radikalreaktionen, 5
Rauchdurchzündung, 19
  Back-draft, 20
  Flash-over, 20
Rauchexplosion, 19
Redoxreaktion, 4
  Oxidation, 4

S
Sauerstoff, 15
Schaummittel, 36
Schornsteinbrand, 56
Schwerschaum, 37

Sprühstrahl, 31

U
Universallöschmittel, 63
  Allroundlöschmittel, 63

V
Verbrennungsprodukte, 5
  Oxide, 5
Verbrennungsvorgang, 3
  Brand, 3
  Brennen, 4
  Feuer, 3
Verschäumungszahl, 35
Vollstrahl, 31

W
Wasser, 28
Wasserhalbwertszeit, 35

Z
Zündquelle, 17

MIX
Papier aus verantwortungsvollen Quellen
Paper from responsible sources
FSC® C105338

If you have any concerns about our products,
you can contact us on
ProductSafety@springernature.com

In case Publisher is established outside the EU,
the EU authorized representative is:
**Springer Nature Customer Service Center GmbH
Europaplatz 3, 69115 Heidelberg, Germany**

Printed by Libri Plureos GmbH
in Hamburg, Germany